全国电力行业"十四五"规划教材
职业教育新能源与电力系统系列教材

风光发电
控制技术

FENGGUANG FADIAN
KONGZHI JISHU

徐志保　周冬妮

王娟娟　郭陆峰　**编著**

许耀山

U0261521

中国电力出版社
CHINA ELECTRIC POWER PRESS

内 容 提 要

本书共四个项目：项目一为风光互补发电系统介绍，以及离网风光互补发电 LED 路灯系统搭建；项目二和项目三分别进行光伏发电系统设计与调试、风力发电系统设计与调试，主要包括光伏/风力发电系统的电控图绘制、硬件接线、PLC 手动自动控制、MCGS 和力控组态设计与调试（光伏部分还包括光伏电池板基础知识和功率曲线的测量和绘制，风力部分还包括风场电机的变频控制以及风机的变桨偏航控制）；项目四进行了风光互补发电系统综合设计与调试，主要介绍风光互补发电系统中的充放电系统、逆变系统原理，并进行了逆变、参数监控和综合设计等力控组态综合设计与调试。

本书可作为高职高专院校光伏工程技术、风力发电工程技术、分布式发电与智能微电网技术等新能源专业综合能力训练的一体化教学教材，也可作为电气自动化技术、生产过程自动化技术等自动化类专业综合能力训练参考资料；同时也适合新能源类、自动化类领域工作的技术人员阅读。

图书在版编目（CIP）数据

风光发电控制技术/徐志保等编著．—北京：中国电力出版社，2022.12（2025.1 重印）
ISBN 978-7-5198-7050-8

Ⅰ．①风…　Ⅱ．①徐…　Ⅲ．①风力发电系统—控制②太阳能发电—控制　Ⅳ．①TM614②TM615

中国版本图书馆 CIP 数据核字（2022）第 170683 号

出版发行：中国电力出版社
地　　址：北京市东城区北京站西街 19 号（邮政编码 100005）
网　　址：http://www.cepp.sgcc.com.cn
责任编辑：张　旻（010-63412536）
责任校对：黄　蓓　朱丽芳
装帧设计：赵丽媛
责任印制：吴　迪

印　　刷：三河市航远印刷有限公司
版　　次：2022 年 12 月第一版
印　　次：2025 年 1 月北京第三次印刷
开　　本：787 毫米×1092 毫米　16 开本
印　　张：10.25
字　　数：255 千字
定　　价：35.00 元

前　　言

风光互补发电系统是利用太阳能和风能资源的互补性，具有较高性价比的一种新型可再生能源发电系统。随着国家提出"双碳"战略目标，光伏、风力发电将得到更大发展。

本书以教育部新能源发电工程类和自动化类专业能力要求为出发点，对接国家"双碳"战略目标，以技能大赛为项目载体，进行一体化教学改革，在硬件设备、三维仿真系统、信息化教学资源等方面开展深入实践探索。本书具有以下特点：

（1）校企合作开发了风光发电控制技术三维仿真系统，弥补一体化小型模拟实训平台控制不形象缺点，将国赛设备的光伏发电装置（逐日系统）和风力发电装置进行了直观的仿真，主要用于项目二光伏发电和项目三风力发电两大部分的仿真训练，也方便教师一体化教学和线上教学演示。

（2）具有丰富的数字化教学资源：

1）微课：录制了每个任务的微课，读者可以通过书中扫描二维码观看微课，对风光互补发电控制技术有更加全面认识；

2）课件：按照项目任务设计了完整的课件资源，方便师生教、学；

3）软件包：提供项目任务对应的电控图纸、PLC和组态程序代码。

本书采用的硬件设备如下：

（1）国赛设备 KNT‐WP01 风光互补发电综合实训系统：设备较大，不便于开展一体化教学，可以作为总体功能演示、变频器练习、风光互补发电综合任务训练等，项目一任务一，项目二任务九、任务十，项目三任务七、任务八和项目四采用该设备。

（2）ZS‐201A 风光互补发电创新实训平台：比国赛和一体化设备多了离网风光互补发电 LED 路灯系统、风力发电变桨偏航控制，更加贴近实际生产及应用，项目一任务二，项目三任务九、任务十训练采用该设备。

（3）一体化教学 ZS‐201B 桌面型小型实训平台：本书其余部分均采用一体化教学设备进行任务设计和调试。

本书由徐志保（福建电力职业技术学院）、周冬妮（福建电力职业技术学院）、王娟娟（黎明职业大学）、郭陆峰（福建电力职业技术学院）、许耀山（厦门海洋职业技术学院）编著，其中：项目一，项目二任务二～任务五、任务十，项目三任务二～任务四、任务八～任务十，项目四由徐志保编写调试；项目二任务一，项目三任务一由郭陆峰编写调试；项目二任务六，项目三任务五由王娟娟编写调试；项目二任务七、任务九，项目三任务七由周冬妮编写调试；项目二任务八，项目三任务六由许耀山编写调试。全书由徐志保统稿。

本书在编写过程中参考和引用了许多文献，在此对作者表示感谢。同时感谢在编写过程中参与调试工作的历届技能大赛学生；感谢南京康尼科技有限公司、福建至善伏安科技有限公司、力控科技（厦门分公司）等给予设备和技术上的大力支持；感谢中国电力出版社对本书出版做了大量的工作。

本课程为"福建省职业教育精品在线开放课程建设 2019 年资助建设项目""2022 年福建省职业教育研究课题（GB 2022051）"。由于技术总在不断地发展，加之作者水平所限，书中难免有不足之处，恳请业内专家和广大读者批评指正（反馈交流邮箱：291892006@qq.com）。

《风光发电控制技术》教材编写组

2022 年 11 月

目　录

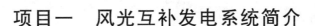

项目一　风光互补发电系统简介

项目引言

能源是国民经济发展和人民生活必需的重要物质基础。在过去的 200 多年里，建立在煤炭、石油、天然气等化石燃料基础上的能源体系极大推动了人类社会的发展。但是人类在使用化石燃料的同时，也带来了严重的环境污染和生态系统破坏。

近年来，世界各国逐渐认识到能源对人类的重要性，更认识到常规能源利用过程中对环境和生态系统的破坏。各国纷纷开始根据国情，治理和缓解已经恶化的环境，并把可再生、无污染的新能源的开发利用作为可持续发展的重要内容。风光互补发电系统是利用太阳能和风能资源的互补性，具有较高性价比的一种新型能源发电系统，具有很好的应用前景。随着风光互补发电技术发展，必将得到越来越广泛的普及应用。

本项目首先介绍风光互补发电系统的构成，然后介绍国赛风光互补发电综合实训系统和适合一体化教学的小型模拟实训平台，接着以福建省风光互补发电省赛设备为基础介绍了离网型风光互补发电 LED 路灯系统的构成，为后续章节的学习奠定基础。

任务一　风光发电系统介绍（国赛和一体化教学设备介绍）

（上）　　　（下）

风光发电系统介绍

任务目标

本书以全国职业院校技能大赛高职组"风光互补发电系统安装与调试"赛项为依托进行一体化教学改革探索。本任务首先介绍国赛设备 KNT-WP01 风光互补发电综合实训系统（南京康尼），在介绍国赛设备基础上，介绍了适合一体化教学的桌面型小型模拟实训平台，ZS-201B 小型模拟风光互补发电实训平台（福建至善伏安智能科技）。

通过本任务学习，理解风光互补发电系统的构成认识，能够初步认识国赛设备和一体化小型模拟平台组成和功能，为后续各个项目任务学习奠定基础。

任务要求

（1）国赛风光互补发电综合实训系统：熟悉 KNT-WP01 型风光互补发电综合实训系统的各个模块功能，了解风光互补发电系统的构成及其各个模块功能。

（2）一体化教学小型模拟实训平台：熟悉 ZS-201B 风光互补小型综合实训平台包含的模块单元及其功能作用；熟悉 ZS-201B 小型模拟风光互补发电实训平台各模块单元对应国赛综合实训系统的相应实际功能。

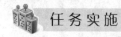 **任务实施**

一、风光互补发电系统的构成

太阳能和风能都是清洁可再生能源，取之不尽用之不竭，由于受季节更替和天气变化的影响，太阳能、风能都是不稳定、不连续的能源，单独的光伏发电或风力发电都存在发电量不稳定的缺陷。但是太阳能和风能有着天然的互补优势，即白天太阳光强，夜间风多，夏天日照好、风弱而冬春季节风大、日照弱。风光互补发电系统充分利用了太阳能和风能资源的互补性，是一种具有较高性价比的新型能源系统。

太阳能和风能可独立构成发电系统，也可组成太阳能和风能混合发电系统，即风光互补发电系统，采用何种发电形式，主要取决于当地的自然资源条件以及发电综合成本，在风能资源较好的地区宜采用风能发电，在日照丰富地区可采用太阳能光伏发电，一般情况下，风能发电的综合成本远低于太阳能光伏发电成本，因而在风能资源较好地区应首选风能发电系统。风光互补发电系统的资源互补性、供电安全性、稳定性均好于单一能源发电系统。随着光伏发电和风力发电技术的日趋成熟，以及实际应用进程中产品的不断完善，为风光互补发电系统的推广应用奠定了基础。

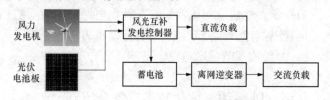

图 1-1　离网型风光互补发电系统构成

风光互补发电系统根据能源是否并入电网，可以分成离网型风光互补发电系统和并网型风光互补发电系统两大类，离网风光互补发电系统组成如图 1-1 所示，主要包括光伏电池板、风力发电机、风光互补发电控制器、蓄电池和离网逆变器，风光互补发电控制器控制光伏发电和风力发电对蓄电池的充放电，同时给用户直流负载供电；离网逆变器可以将蓄电池的直流电转变成交流电供用户交流负载使用。

并网风光互补发电系统组成如图 1-2 所示，与离网型不同的是风光互补发电控制器通过并网逆变器将光伏、风力发的电能送到电网，如果是小型系统并网逆变器直接输出 220VAC 或者 380VAC，不需要升压和降压，直接并入电网；如果是中大型系统并网逆变器输出需要进行升压到 10kV 或者 35kV 才到电网，表 1-1 是项目规模和并网电压等级的对应表。对于偏远地区又不能就地消纳的大规模风光互补发电站，可以通过特高压进行远距离外送。

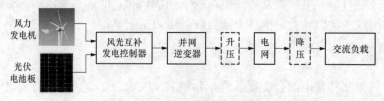

图 1-2　并网型风光互补发电系统构成

表 1-1　　　　　　　　　　　　　项目规模和并网电压等级

项目规模	并网电压等级	项目规模	并网电压等级
<8kW	220V	400～6000kW	10kV
8～400kW	380V	5000～30 000kW	35kV

图 1-3 为新疆哈密首个大型风光互补发电站：新疆能源集团哈密烟墩 30 万 kW 风光互补清洁能源发电项目建成并网发电，该项目包括 10 万 kW 光伏发电、20 万 kW 风能，所发的电能将通过哈（密）郑（州）±800kV 特高压直流输电线路进行外送。

二、国赛综合实训系统介绍

KNT-WP01 型风光互补发电综合实训系统是一套综合的风光互补发电实训系统，包括光伏发电系统、风力发电系统、逆变与负载系统、监控系统等一整套完整的系统。本节将对该系统进行介绍，对于理解后续的小型实训平台具有很好的帮助。

KNT-WP01 型风光互补发电实训系统主要由光伏供电装置、光伏供电系统、风力供电装置、风力供电系统、逆变与负载系统、监控系统组成，如图 1-4 所示。

图 1-3　新疆哈密烟墩 30 万 kW 大型风光互补发电站

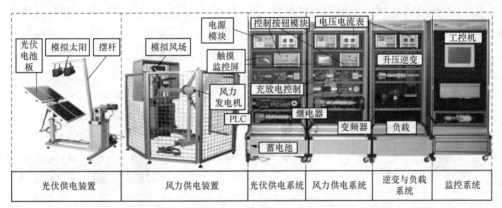

图 1-4　KNT-WP01 型风光互补发电实训系统

光伏发电部分：由光伏供电装置（模拟逐日）和光伏供电系统（控制系统）组成。光伏发电装置的光伏电池板将光能转换成电能，并存储到光伏供电系统下方的蓄电池中，光伏供电装置由光伏供电系统进行控制。光伏供电系统通过光伏 PLC 来控制摆杠运动来模拟太阳运动，并控制光伏电池板对光源进行跟踪（逐日）。光伏供电系统通过充放电控制单元控制光伏发电对蓄电池充电，控制蓄电池对逆变系统放电，并将充放电参数在触摸屏和工控机上显示。

风力发电部分：由风力供电装置和风力供电系统（控制系统）组成。风力发电装置的风力发电机将风能转换成电能，并存储到光伏供电系统下方的蓄电池中，风力供电装置由风力供电系统进行控制。风力供电系统通过风力 PLC 来控制风场运动电机运动来模拟风场方向，并通过变频器控制模拟风场电机的转速来模拟风力大小，当风力偏大时候，风力发电机进行偏航，保护发电机。风力供电系统通过充放电控制单元控制风力发电对蓄电池充电，控制蓄电池对逆变系统放电，并将充放电参数在触摸屏和工控机上显示。

逆变与负载部分：将光伏、风力发出的电能存储在蓄电池中的直流 12V（12VDC）经过升压和逆变两个环节转变成 220V 交流电（220VAC），并供电给 LED 灯、电机等负载。

工控机可以通过组态设计对逆变升压逆变的控制参数和输出参数等进行测量和控制。

监控部分：采用工控机对光伏发电部分、风力发电部分、逆变与负载部分进行参数测量，并可以对光伏发电、风力发电的运动进行控制，对升压逆变进行控制。

国赛设备
端子排定义

KNT‐WP01 型风光互补发电综合实训系统采用模块式结构，各装置和系统具有独立的功能，可以组合成独立的光伏发电实训系统（光伏发电部分＋逆变与负载部分＋监控部分）或者独立的风力发电实训系统（风力发电部分＋逆变与负载部分＋监控部分），可以分别供光伏工程技术、风力发电工程技术等专业使用。

详细各部分功能可阅读夏庆观编写的《风光互补发电实训教程》，光伏、风力和逆变等各个部分的端子定义可扫描二维码观看。本任务只对国赛设备各部分功能进行介绍。

三、一体化教学小型模拟实训平台

由于 KNT‐WP01 型风光互补发电综合实训系统设备比较大型且占面积大，不便进行一体化教学，学生不易全面进行实验实训，因此，本书大多数任务采用适合一体化教学的桌面型小型模拟实训平台。ZS‐201B 小型模拟风光互补发电实训平台如图 1‐5 所示，图中放置了光伏发电的控制模块和跟踪模拟模块，如果更换模块 4 和 6 为风力发电模块，可以实现风力发电的模拟，该平台可以模拟国赛 KNT‐WP01 型风光互补发电综合实训系统中光伏发电部分、风力发电部分的功能，只要 I/O 分配一致，编写并调试好的程序可以直接用到国赛综合实训系统中。下面将介绍桌面型小型模拟实训平台，并将对应国赛设备中相关的功能进行介绍。

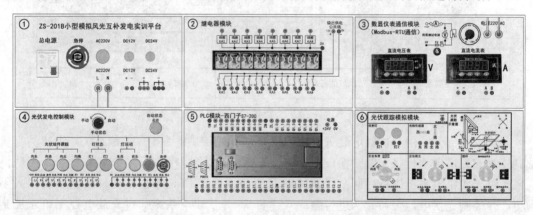

图 1‐5 ZS‐201B 小型模拟风光互补发电实训平台

1. 电源模块

电源模块如图 1‐6 所示，包括总电源空气开关、急停开关、220V 交流电源输出及其指示灯、12V 直流电源输出及其指示灯、24V 直流电源输出及其指示灯。

本模块对应 KNT‐WP01 型综合实训系统中的光伏、风力、逆变部分的电源模块（见图 1‐4），可以分别用来作光伏、风力、逆变的电源模块。

2. 光伏供电控制按钮模块

光伏供电控制按钮模块如图 1‐7 所示，对应 KNT‐WP01 型综合实训系统中的光伏控制按钮模块，基本一模一样。光伏按钮控制模块的每个按钮既做按钮又做指示灯，用于光伏发电装置（模拟逐日）的各种运动控制和状态指示。

3. 光伏跟踪模拟模块

光伏跟踪模拟模块如图1-8所示，对应KNT-WP01型综合实训系统中的光伏发电装置部分（见图1-4，详细局部图见图1-9）。将图1-9中的各个运动电机、限位开关等微缩到图1-8的小型模拟实训平台的跟踪模拟模块上，方便学生进行学习。

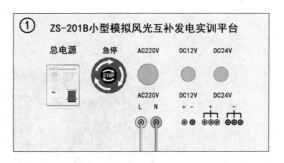

图1-6 电源模块图

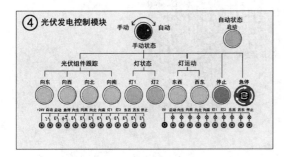

图1-7 光伏供电控制按钮模块

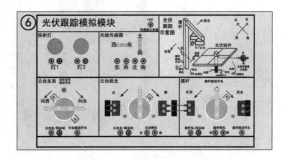

图1-8 光伏跟踪模拟模块

4. 风力供电控制按钮模块

风力供电控制按钮模块如图1-10所示，对应KNT-WP01型综合实训系统中的风力控制按钮模块。风力按钮控制模块用来实现对风力发电装置的各项运动的控制和状态指示。

5. 变尾翼风力发电机模块

变尾翼风力发电机模块如图1-11所示，对应KNT-WP01型综合实训系统中风力发电装置部分（见图1-4，其局部见图1-12）。将图1-12中的各个运动电机（除了风场吹风电动机没有模拟）、

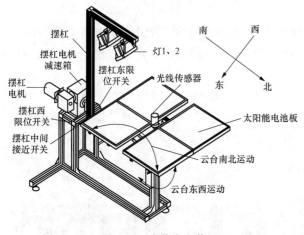

图1-9 光伏发电装置

限位开关等微缩到图1-11的变尾翼风力发电机模块上，方便学生进行学习。

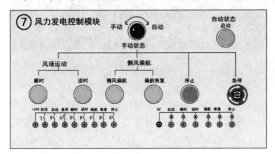

图1-10 风力供电控制按钮模块

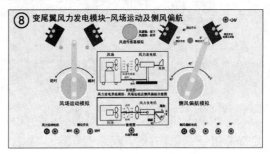

图1-11 变尾翼风力发电机模块

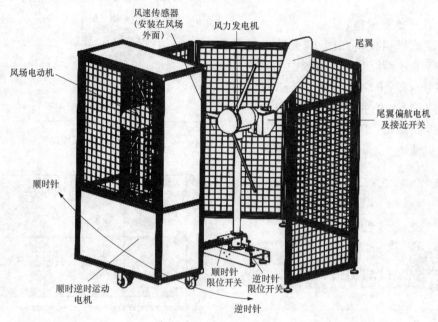

图 1 - 12　风力发电装置

6. 继电器模块

继电器模块如图 1 - 13 所示，对应 KNT - WP01 型综合实训系统中的光伏、风力发电系统中的继电器部分（如图 1 - 4 所示，详细局部图如图 1 - 14 所示），用来控制各类电机的正反转和灯的亮灭等。

KNT - WP01 型综合实训系统中的光伏、风力发电系统中的继电器数量不一样，光伏发电运动较多，所以继电器较多（8 个），风力发电运动较少，所以继电器较少（4 个），在实际应用中，这个继电器模块光伏和风力共用，所以在做风力发电模拟时继电器没有全部用到。

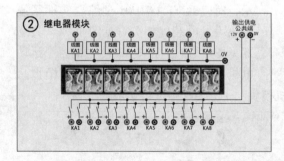

图 1 - 13　继电器模块

图 1 - 14　综合实训系统中的继电器
（光伏发电系统）

此外，桌面型小型模拟实训平台的摆杆电机、模拟太阳的两个灯、风场运动电机等负载全部用的是 12VDC，而不是 KNT - WP01 型综合实训系统中的 220VAC 负载，确保学生实训安全。所以所有继电器的动合触点都接到 12VDC 的正负极，继电器得电，负载导通。

7. PLC 模块

PLC 模块如图 1-15 所示，对应 KNT-WP01 型综合实训系统中的光伏、风力发电系统中的 PLC 部分（见图 1-4），是整个光伏、风力发电控制系统的核心。

KNT-WP01 型综合实训系统中的光伏、风力发电系统中的 PLC 型号不一样。光伏发电运动较多，PLC 选择西门子 S7-200 CPU226；风力发电运动较少，PLC 选择西门子 S7-200 CPU224。在实际应用中，这个 PLC 模块光伏发电和风力发电共用，所以在做风力发电模拟时候 PLC 的 I/O 没有全部用完。

8. 数显仪表模块

数显仪表模块如图 1-16 所示，包含电流表和电压表。对应 KNT-WP01 型综合实训系统中的光伏、风力发电系统电流、电压表部分（见图 1-4）。测量需要的电流和电压通过仪表上方的电位器分压电路进行模拟产生，而不像 KNT-WP01 型综合实训系统中为实际的发电电流、电压。KNT-WP01 型综合实训系统中逆变与负载系统中的电流、电压表为交流，所以本小型实训平台不能进行模拟。

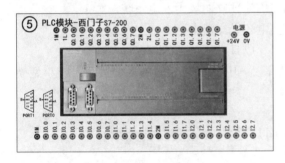
图 1-15　PLC 模块

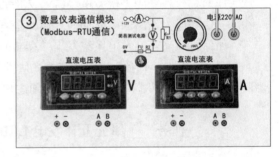
图 1-16　数显仪表模块

9. 触摸屏模块

触摸屏模块如图 1-17 所示，对应 KNT-WP01 型综合实训系统中的触摸屏部分（见图 1-4）。KNT-WP01 型综合实训系统中的触摸屏部分只是读取充放电控制电路中的 DSP 单片机中采集的充放电参数并进行显示。由于本小型实训平台没有充放电测量控制电路，所以没有用来显示充放电参数，而是用来进行 MCGS 组态软件的训练：与 PLC 的通信实现采用触摸屏控制光伏、风力运动，与数显仪表通信实现电流电压采集、显示、存储、打印等。具体后面章节将详细介绍。

图 1-17　MCGS 触摸屏模块

任务小结

风光互补发电系统分成离网型风光互补发电系统和并网型风光互补发电系统两大类。

离网风光互补发电系统：主要包括光伏电池板、风力发电机、风光互补发电控制器、蓄电池和离网逆变器。

并网风光互补发电系统：主要包括光伏电池板、风力发电机、风光互补发电控制器和并网逆变器；如果容量较大，还需要进行升压后接入电网，降压后供给用户。

国赛设备KNT-WP01型风光互补发电实训系统主要由光伏供电装置、光伏供电系统、风力供电装置、风力供电系统、逆变与负载系统、监控系统组成。

一体化教学小型模拟实训平台主要用于模拟国赛风光互补发电实训系统中的光伏发电系统和风力发电系统，便于开展一体化教学。

任务自测

1. 风光互补发电综合实训系统包含哪些部分？各部分分别有什么功能？
2. 如何构建独立的光伏发电系统？又是如何构建独立的风力发电系统。
3. 光伏和风力发出的电能如何存储？是直流电还是交流电？
4. 如何将风光互补发电系统发出并存储的电变成日常用的AC220V？
5. KNT-WP01型综合实训系统中光伏发电装置和风力发电装置的各项运动对应小型模拟平台上哪个模块中哪些部分？请详细阐述。

任务二　风光互补发电LED路灯系统（省赛设备介绍）

任务目标

风光互补发电
LED路灯系统　风光互补发电LED路灯系统是一种典型的离网型风光互补发电系统，通过本任务学习熟悉省赛设备——ZS-201A风光互补发电创新实训平台，并学会风光互补发电LED路灯系统的系统框图绘制和硬件搭建。

任务要求

（1）省赛设备认知：熟悉省赛设备ZS-201A风光互补发电创新实训平台硬件组成，各个部分的功能。

（2）风光互补发电LED路灯系统搭建：绘制风光互补发电LED路灯系统的系统框图，并进行硬件搭建。

任务实施

一、省赛设备ZS-201A风光互补发电创新实训平台介绍

2014—2019年福建省职业院校技能大赛高职组"风光互补发电系统安装与调试"赛项采用ZS-201A风光互补发电创新实训平台作为实训平台，该平台如图1-18和图1-19所示，包含离网风光互补发电LED路灯系统、光伏跟踪系统和风力变桨偏航系统以及监控系统等四大模块。

图 1-18　离网风光互补发电 LED 路灯系统　　　图 1-19　光伏跟踪/风力变桨偏航系统

1. 离网风光互补发电 LED 路灯系统

风光互补发电 LED 路灯系统（见图 1-20）用于模拟风光互补发电 LED 路灯，包含光伏电池板发电机构（机构 A）、风力发电机构（机构 B）、风光互补发电控制器模块（模块 7）、蓄电池模块（模块 8）、离网逆变模块（模块 9）、模拟电源、负载、风力整流模块（模块 10）。

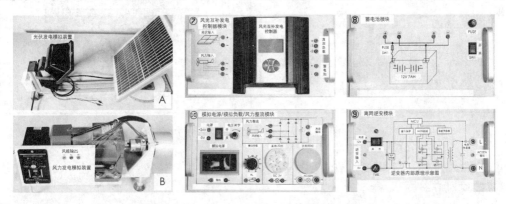

图 1-20　离网风光互补发电 LED 路灯系统各个模块

光伏电池板发电机构：采用光伏电池板进行发电，输出为直流电压，调节投射灯亮度模拟太阳光强大小。

风力发电机构：采用电动机带动交流发电机模拟风力发电，用电位器调节电动机转动快慢模拟风速大小，从而调节发电机输出电压大小。

风光互补发电控制器模块：将光伏、风力发电输出电压信号进行测量和控制从而输出稳定的输出电压，直接供给直流负载或者给蓄电池充电。

蓄电池模块：将光伏、风力发出的电能通过风光互补发电控制器对蓄电池进行充电，存储电能，用于无风无光情况下通过逆变模块给负载供电。

离网逆变模块：将蓄电池的 12V 直流电压转换成 220V 交流电压供给交流负载。

模拟电源、负载、风力整流模块：本系统采用了其中的模拟负载，直流 LED 灯负载和交流 220V LED 灯负载。模拟电源用于产生 0～24V 的模拟量，风力整流单元用于将风力发电输出的三相交流电压整流成直流电压输出。

2. 光伏跟踪系统和风力变桨偏航系统

光伏跟踪系统和风力变桨偏航系统如图 1-19 所示，包括了光伏跟踪系统和风力变桨偏航系统，分别模拟光伏电池板跟踪太阳、风力发电系统的变桨偏航运动。

（1）光伏跟踪系统：模拟光伏电池板跟踪太阳，如图 1-21 所示，包含光伏跟踪机构（机构 C）、光伏跟踪接线模块（模块 1）、继电器模块（模块 2）、光伏发电控制模块（模块 4）、光伏 PLC 模块（模块 5），各个部分分别介绍如下。

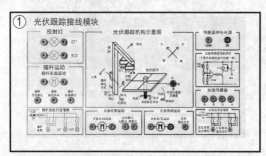
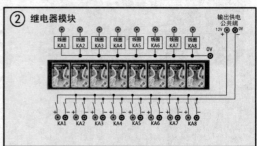
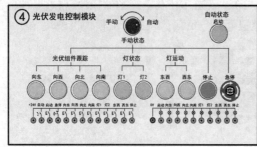
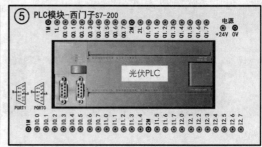

图 1-21　光伏跟踪系统各个模块

光伏跟踪机构：与国赛设备的光伏发电装置、一体化教学小型平台的模块 6——光伏跟踪模拟模块对应。

光伏跟踪接线模块：将光伏跟踪机构的输入、输出信号引到面板，方便与控制系统接线。

继电器模块、光伏发电控制模块、光伏 PLC 模块：与国赛设备、一体化教学小型平台对应部分一样。

（2）风力变桨偏航系统：模拟风力发电系统的变桨运动和偏航运动，如图 1-22 所示，包含变桨/偏航模块（模块 3）、步进电机控制模块（模块 6）、风力 PLC 模块（模块 5）、风速模拟机构（机构 D）。

变桨偏航模块：采用步进电机模拟实际运行风力发电机的变桨运动（0°～90°）和偏航运动（0°～360°）。

步进电机控制模块：接收 PLC 的控制信号，驱动变桨运动和偏航运动的步进电机进行运动。

风力 PLC 模块：根据控制要求，采集风速和风向信号，分别进行风力变桨运动、偏航运动的控制，或者根据上位工控机的设定进行风力变桨、偏航运动控制。

风速模拟机构：该机构通过旋钮可以调节吹风机构的出风量，从而带动风速仪产生 0～5V 的模拟量，模拟量代表风速的大小。

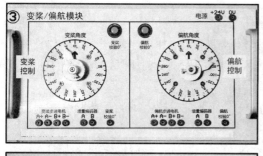

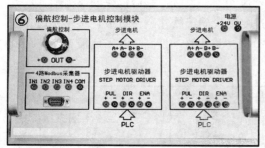
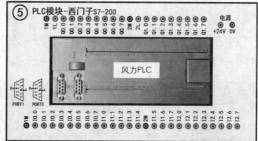

图 1-22 风力变桨偏航系统各个模块

3. 监控系统

监控系统如图 1-19 中的 E，采用带有 RS485 通信口的工控机，与光伏跟踪系统的 PLC、风力变桨偏航系统的 PLC、风光互补发电 LED 路灯系统的仪表（如图 1-19 中的 F）进行通信，根据要求采用力控组态软件进行开发，从而实现对光伏跟踪/风力变桨偏航系统的传感器状态、风光互补发电 LED 路灯系统的电压电流参数进行测量，并对光伏、风力系统的运动进行手动或者自动控制。

二、风光互补发电 LED 路灯系统搭建

1. 绘制风光互补发电 LED 路灯系统的系统框图

风光互补发电 LED 路灯系统的系统框图如图 1-23 所示，光伏电池板和风力发电机接到风光互补发电控制器，给直流负载供电，同时给蓄电池充电，蓄电池通过离网逆变器转变成 220VAC 给交流负载供电。实际应用中，风光互补发电 LED 路灯系统一般只采用直流路灯作为负载，蓄电池在无光无风情况下，可以通过风光互补发电控制器给直流负载供电。这里交流负载是为了模拟交流负载供电，所以需要接离网逆变器进行逆变。

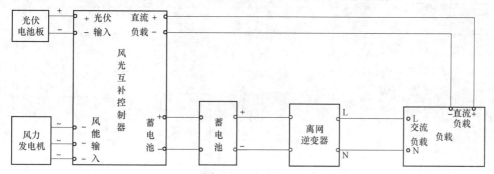

图 1-23 离网风光互补发电 LED 路灯系统框图

该系统的系统框图可以采用 CAD 软件或者 Microsoft Visio2003 软件进行绘制。

2. 风光互补发电 LED 路灯系统硬件接线

根据风光互补发电 LED 路灯系统的系统框图，对照图 1-18 的省赛设备 ZS-201A 风光互补发电创新实训平台，进行硬件接线，接线示意图如图 1-24 所示。主要的注意事项如下。

（1）光伏电池板的正负极不可以短路，正负极红、黑对应接入风光互补发电控制器模块光伏输入的正、负极。

（2）风力发电机为交流输出，直接对应接入风光互补发电控制器模块的风力输入端。

（3）蓄电池和风光互补发电控制器、离网逆变模块的接线注意正负极，不可接反。

（4）直流负载接在风光互补发电控制器的输出（共 2 路，正极公共，负极有 2 路用其中 1 路），交流负载接逆变器的输出 220VAC。

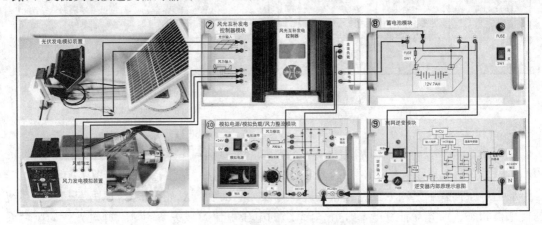

图 1-24　离网风光互补发电 LED 路灯系统硬件接线示意图

如果需要对离网风光互补发电 LED 路灯系统的蓄电池放电电压/电流、离网逆变器的输出电压/电流、直流负载的电压/电流进行测量，则接线如图 1-25 和图 1-26 所示。其中，2 个直流电压表、2 个直流电流表，1 个交流电压表，1 个交流电流表如图 1-19 中的 F，仪表采用标准的 Modbus-RTU 协议，采用 485 接口（A、B 两线），与监控系统工控机后的 485 接口连接，通过上位机的组态编程实现参数的测量数值显示、曲线显示、数据记录查询等。

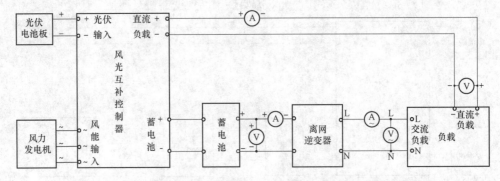

图 1-25　离网风光互补发电 LED 路灯系统参数测量接线框图

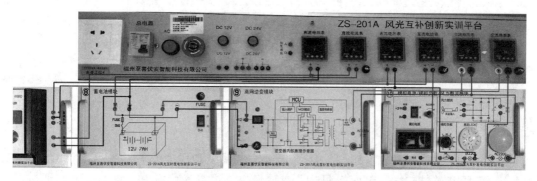

图 1-26　离网风光互补发电 LED 路灯系统参数测量硬件接线示意图

🔍 任务小结

省赛设备 ZS-201A 风光互补发电创新实训平台包含离网风光互补发电 LED 路灯系统、光伏跟踪系统和风力变桨偏航系统以及监控系统等四大模块。

风光互补发电 LED 路灯系统包含光伏电池板发电机构、风力发电机构、风光互补发电控制器模块、蓄电池模块、离网逆变模块、模拟电源、负载、风力整流模块。

光伏跟踪系统和风力变桨偏航系统分别模拟光伏电池板跟踪太阳、模拟风力发电系统的变桨偏航运动。

监控系统以工控机为硬件、以力控组态为软件进行开发，可以实现对光伏跟踪/风力变桨偏航系统的传感器状态、风光互补发电 LED 路灯系统的电压电流参数进行测量，并对光伏、风力系统的运动进行手动或者自动控制。

风光互补发电 LED 路灯系统：光伏电池板和风力发电机接到风光互补发电控制器，给直流负载供电，同时给蓄电池充电，蓄电池通过离网逆变器转变成 220VAC 给交流负载供电。

🏠 任务自测

1. 请简述风光互补发电控制器的作用。
2. 请简述离网逆变器的作用。
3. 省赛设备中的风力发电机输出为直流电还是交流电？
4. 请简述光伏跟踪系统的功能。
5. 请简述风力变桨偏航系统的功能。
6. 请绘制离网风光互补发电 LED 路灯系统框图。

项目二　光伏发电系统设计与调试

项目引言

风光互补发电系统安装与调试包含了光伏发电系统和风力发电系统的硬件安装接线、PLC 程序与组态软件的编程设计与调试。本项目主要进行光伏发电系统的设计与调试，主要内容包括：首先绘制光伏发电系统的电气控制图，然后根据电气控制图进行硬件接线，接着根据控制要求进行光伏发电系统的手动控制和自动控制 PLC 程序设计与调试，触摸屏 MCGS 和工控机力控两种组态软件设计与调试，最后介绍了光伏电池板的一些基础知识，并进行光伏电池板功率曲线的手动和自动测试。

同时，本项目对风光互补发电系统的智能仪表设置与通信线制作进行了简要介绍，通过学习，掌握智能仪表相关通信参数的设置，以及 PLC 和触摸屏、PLC 和智能仪表、PLC 和工控机的通信线制作方法。

任务一　光伏发电系统电气控制图绘制

光伏发电系统
电气控制图绘制

任务目标

理解光伏发电系统电气控制图（包括光伏发电系统主电路和光伏发电系统控制电路）原理，并掌握采用中望 CAD 进行绘制，为下一任务的硬件接线和软件设计调试奠定基础。

任务要求

绘制模板和建立图库：绘制 A4 大小绘图模板，并绘制 PLC、按钮、旋转开关、急停按钮、限位开关、接近开关、光线传感器、指示灯、继电器线圈、继电器触点、电机常见电控器件，并做成图块，建立起一个绘图模板和电控器件的图库。

绘制光伏发电系统的主电路和控制电路：光伏发电系统 PLC 输入/输出（I/O）分配表如表 2-1 所示，根据分配表，在绘图模板和电控器件图库基础上，绘制光伏发电系统的主电路和控制电路。

表 2-1　　　　　　　　光伏发电系统 PLC 输入/输出（I/O）分配表

序号	I/O 口	功能	序号	I/O 口	功能
1	I0.0	旋转开关（手动/自动）	4	I0.3	云台向东按钮
2	I0.1	启动按钮	5	I0.4	云台向西按钮
3	I0.2	急停按钮	6	I0.5	云台向北按钮

续表

序号	I/O口	功能	序号	I/O口	功能
7	I0.6	云台向南按钮	26	Q0.1	向东指示灯
8	I0.7	灯1按钮	27	Q0.2	向西指示灯
9	I1.0	灯2按钮	28	Q0.3	向北指示灯
10	I1.1	摆杆东西按钮	29	Q0.4	向南指示灯
11	I1.2	摆杆西东按钮	30	Q0.5	灯1指示灯、线圈 KA7
12	I1.3	停止按钮	31	Q0.6	灯2指示灯、线圈 KA8
13	I1.4	摆杆垂直接近	32	Q0.7	东西指示灯
14	I1.5	未定义	33	Q1.0	西东指示灯
15	I1.6	云台东西接近	34	Q1.1	停止指示灯
16	I1.7	未定义	35	Q1.2	摆杆东西继电 KA1
17	I2.0	云台北限位	36	Q1.3	摆杆西东继电 KA2
18	I2.1	云台南限位	37	Q1.4	云台东继电 KA3
19	I2.2	光线传感东	38	Q1.5	云台西继电 KA4
20	I2.3	光线传感西	39	Q1.6	云台北继电 KA5
21	I2.4	光线传感北	40	Q1.7	云台南继电 KA6
22	I2.5	光线传感南	41	1M	0V
23	I2.6	摆杆西限位	42	2M	0V
24	I2.7	摆杆东限位	43	1L	DC24V
25	Q0.0	启动指示灯	44	2L	DC24V

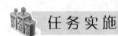 **任务实施**

一、绘制模板和建立图库

采用中望 CAD 绘制 A4 大小（297mm×210mm）绘图模板，尺寸如图 2-1 所示。其中用到一些技巧归纳如下。

（1）相对坐标。例如绘制 A4 矩形外框，单击矩形工具，输入左下角绝对坐标（0，0），右上角采用相对坐标@297，210。采用相对坐标是绘图的一个捷径，比较方便直观。

（2）偏移命令。例如绘制标题栏（如图 2-2），先单击直线工具，单击右下角，输入@-90，0，再输入@0，30，绘制出 A 和 B 这两条直线，选中直线 A，单击偏移命令🔛，输入偏移距离10，单击 A 的上方，产生直线 C；再选中直线 C，单击 C 的上方，产生直线 D；再选中直线 D，单击 D 的上方，产生直线 E；完成后按 Esc 退出。选中直线 B，单击偏移命令🔛，输入偏移距离30，单击 B 的右方，产生直线 F。偏移命令的合理使用有时候可以大大简化绘图过程。

绘制 S7-200CPU226 西门子 PLC、按钮、旋转开关、急停按钮、限位开关、接近开关、光线传感器、指示灯、继电器线圈、继电器触点、电机常见电控器件，如图 2-3 所示，绘

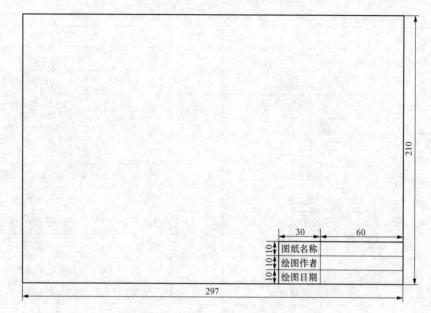

图 2-1 绘图模板（A4）

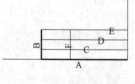

图 2-2 偏移命令

制时只绘制图形，下方的文字为添加到图块时命名的名称。

　　绘制时需要注意每个器件之间的比例协调性（比如，继电器双动合触点两个引脚距离和电机或者灯的两个引脚距离一致，按钮等元器件的总体宽度要小于 PLC 两个引脚之间距离），不能看起来不协调，放置时再去放大缩小。

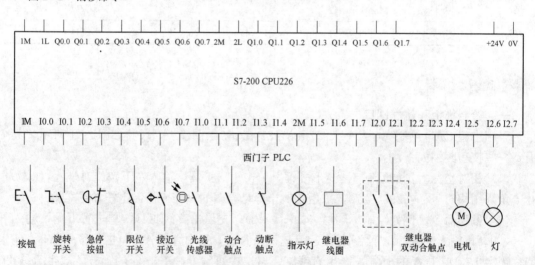

图 2-3 常见电控器件图形及对应名称

　　图块制作方法：①单击创建块 ，出现图 2-4 对话框；②单击拾取点，然后在图纸中单击选取基准点，这个作为后期图块放置的基准点。比如按钮选择上端作为基准点，因为图纸中按钮在 PLC 下方；指示灯和线圈选择下端作为基准点，因为图纸中他们在 PLC 的上方，继电器双动合触点、电机和灯选取左上方为基准点；③单击"选取对象"，然后框选需要添加的电控器件；④在名称中输入对应在图块库中的名称，不能重名。这样一个个器件都做成图块，就构建起一个绘图模板和电控器件的图库。将该文件命名成"图库.dwg"。

二、绘制光伏发电系统主电路

在绘制完绘图模板和电控器件图库基础上，新建一个文件，命名成"光伏发电系统主电路.dwg"，然后点击设计中心（按快捷键 ctrl＋4 可弹出设计中心，如图 2-5 所示），查找到"图库.dwg"文件所在位置，单击该文件前面的"＋"号，展开里面双击"块"（如图 2-5 所选中），右方出现所添加建立的所有图块，可以双击，鼠标抓取元器件进入图纸中，选择放置基点后，如果要按 1∶1 比例放置，选择基点后回车 3 次（旋转角度＝0、X 缩放比例＝1、Y 缩放比例＝1），即可以完成放置元器件。图 2-6 为绘制好的光伏发电系统主电路。

图 2-4　图块对话框

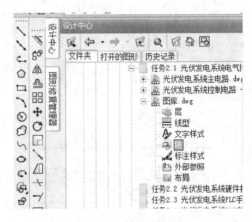

图 2-5　打开图库

注意：在国赛设备上摆杆东西运动电机为 220V 交流供电的交流电机，云台东西运动电机和云台南北运动电机为 24V 直流供电的直流电机，灯 1、灯 2 为 220V 交流供电的投射灯，国赛设备主电路如图 2-7 所示，其中 QF01 为增加的空气开关，摆杆电机多了一个启动电容。图 2-6 为一体化教学小型模拟平台，所有主电路负载采用 12V 直流供电，确保学生的实践安全。

单向交流电动机有三个抽头，首先用万用表电阻挡测量三个线头之间电阻，电阻最大两个线头之间并联电容，另一个线头（公共端）接电源的另一个端。

三、绘制光伏发电系统控制电路

按照绘制主电路类似方法，调取图库中的元器件，绘制光伏发电系统的控制电路，由于一体化教学设备继电器模块每个继电器只引出一对动合触点（如图 2-6 所示），所以控制电路的继电器线圈没办法进行硬件互锁，在国赛综合实训平台上，每个继电器上的两对动合，两对动合触点都可以从底座（MY4N-J 24VDC 继电器底座引脚示意图如图 2-8）上引出，因此可以进行硬件互锁，以防编程错误时，电机正反转都通电情况发生。硬件互锁有两种方法：①控制电路中线圈串另一个动作的一个动断触点，如图 2-10 中摆杆东西 KA1 和摆杆西东 KA2 互锁，云台向东 KA3 和云台 KA4 向西，云台向北 KA5 和云台向南 KA6，灯 1、灯 2 可以同时亮，就不需要也不能互锁；②图 2-7

主电路中的 KA1 双动合触点下方串联 KA2 的双动断触点。具体采用哪种硬件互锁根据任务要求进行接线。

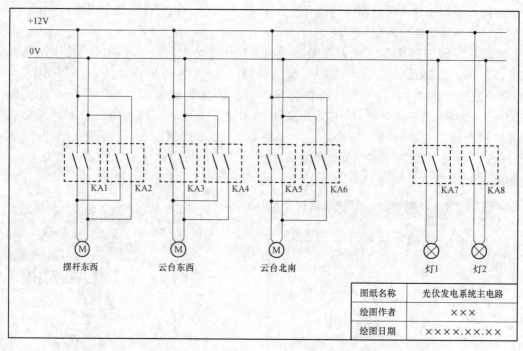

图 2-6 光伏发电系统主电路（一体化教学桌面型小型模拟实训平台）

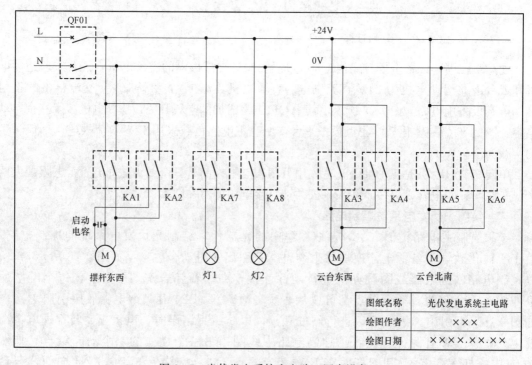

图 2-7 光伏发电系统主电路（国赛设备）

绘制完的光伏发电系统控制电路如图2-9（一体化实训平台和国赛平台通用）所示，图2-10是加了硬件互锁的控制电路。

🔍 **任务小结**

绘制绘图模板和常见电控器件并做成图块，建立起一个绘图模板和电控器件的图库。这是良好的习惯，作为现代企业也需要这种图库的积累。

绘制模板和常见电控器件过程中，需要充分利用 CAD 软件中的命令，比如绝对坐标、偏移……，这能够提高绘图效率。在建立的图库基础上，绘制光伏发电系统的主电路和控制电路。

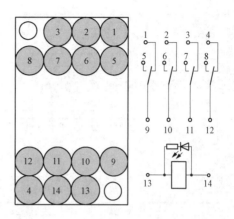

图2-8　继电器底座

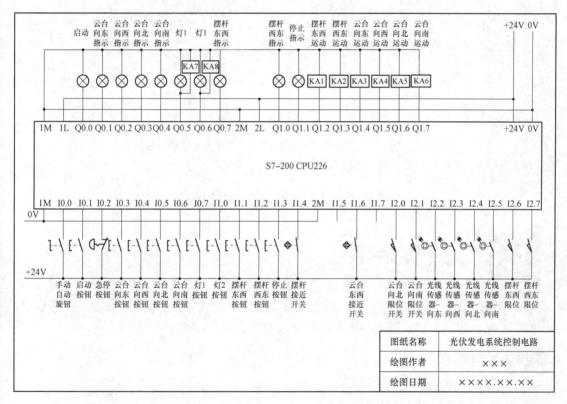

图2-9　光伏发电系统控制电路（一体化教学桌面型小型模拟实训平台）

🏠 **任务自测**

1. 绝对坐标和相对坐标有什么区别，运用绝对坐标有什么好处？

2. 偏移命令如何正确使用？

3. 一体化教学设备和国赛设备中的主电路有何区别？

4. 国赛设备如何在光伏发电系统主电路和控制电路中加入硬件互锁？

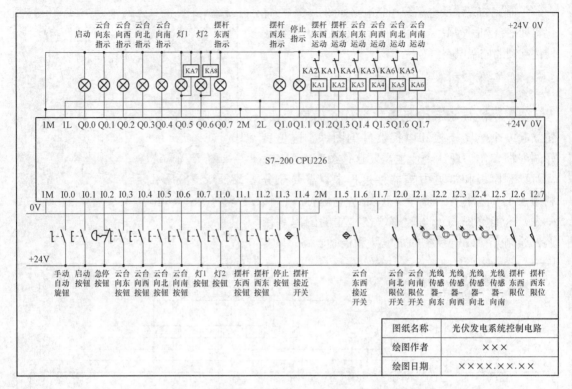

图 2-10　光伏发电系统控制电路（国赛设备加硬件互锁）

任务二　光伏发电系统硬件接线

任务目标

光伏发电系统
硬件接线

　　上个任务绘制了光伏发电系统的主电路和光伏发电系统的控制电路，本任务将根据主电路和控制任务进行接线，使学生学会硬件接线及其工艺要求，为后续 PLC 程序和组态软件设计和调试奠定基础。

任务要求

　　根据任务一的光伏发电系统 PLC 输入/输出（I/O）分配表（如表 2-1 所示），上一任务绘制了光伏发电系统的主电路和控制电路，本任务要求在理解上一任务主电路和控制电路的基础上，根据表 2-1 进行光伏发电系统的硬件接线。

　　接线中所有电源正极采用红线，电源负极采用黑线，主电路 3 个电机和 2 个灯的正、负极分别采用红线、黑线，其余的输入输出接线采用红线。

　　注意：电源部分接线完成后务必让老师检查正确后方能够开始其他接线。

　　说明：以下章节除非特别说明，所有硬件均依托一体化教学小型实训平台。不同于国赛综合实训系统需要自己采用剥线钳、压线钳对导线进行剥线、套号码管、压线、接线、线槽整理等复杂环节，一体化教学小型实训平台均采用拔插线进行接线，可以重复使用，又适合一体化教学需要。

 任务实施

一、光伏发电系统电源接线

一体化教学桌面小型风光互补发电实训平台的电源模块如图 2-11 所示，包括：总电源空气开关、急停开关、220V 交流电源输出及其指示灯、12V 直流电源（1 路）输出及其指示灯、24V 直流电源输出（3 路）及其指示灯。

本模块的空气开关为漏电保护空气开关，如果漏电会自动断开，需要实验时，空气开关往上掰；急停开关用来在紧急情况下断开，当然也可以断开空气开关，但是急停开关比较快；AC220V 输出并指示 220V 交流电，L 和 N 对应后面数显仪表模块的 L 和 N，接线时为了确保正确，颜色要对应；DC12V 和 DC24V 分别输出 1 路 12V 和 3 路 24V 直流电，红色为正极，黑色为负极，在

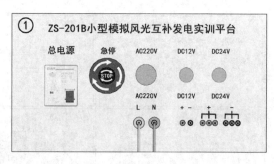

图 2-11 电源模块

做实验时务必要按照颜色来接，红线为＋，黑线为一。

注：为了保证实训平台的安全，第一步统一要求大家先接电源线，接好后由指导老师检查正确后，方可进行其他接线并通电调试。检查前请务必将空气开关打到下方，处于断开状态。

光伏发电系统电源接线示意图如图 2-12 所示。

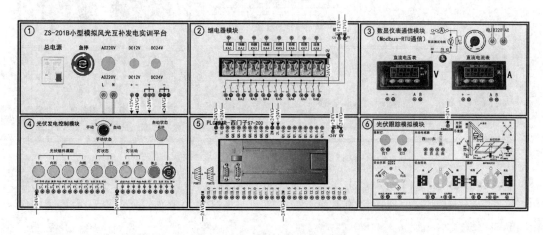

图 2-12 光伏发电系统电源接线示意图

1. 24V 电源接线（图中正负极分别用＋24V 和 24VG 表示）

正极＋24V：PLC 的供电正极＋24V（模块 5）、PLC 的输出公共端正极 1L 和 2L（模块 5）、所有按钮/旋钮开关的公共端（模块 4）、光伏跟踪模块中的传感器公共端（模块 6）。

负极 24VG：PLC 的供电负极 0V（模块 5）、PLC 的输入公共端 1M/2M 和输出公共端负极 1M/2M（模块 5）、指示灯的公共端（模块 4）、继电器线圈的公共端 0V（模块 2）。

2. 12V 电源接线（图中正负极分别用＋12V 和 12VG 表示）

12V 电源给主电路各个负载（3 个电机、2 个灯）供电，因此，主电路中的 12V 是接到继电器模块（模块 2）中继电器的双动合触点，哪个继电器得电，12V 电源就导通下来。切记不用 24V 进行供电，以免负载烧坏。

二、光伏发电系统控制电路接线

光伏发电系统控制电路接线是按照光伏发电系统控制电路进行接线，主要包括输入和输出两大部分，输入部分和输出部分示意图分别如图 2-13、图 2-14 所示。

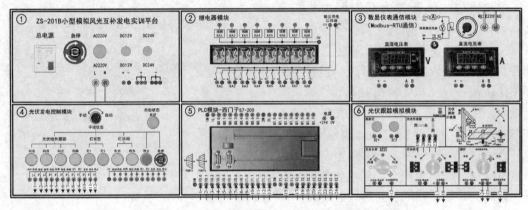

图 2-13　光伏发电系统控制电路输入部分接线示意图

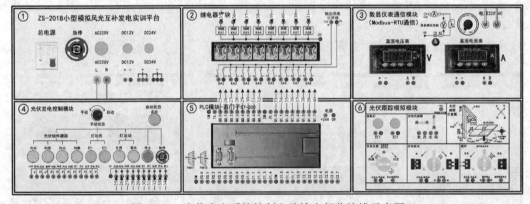

图 2-14　光伏发电系统控制电路输出部分接线示意图

输入部分如图 2-13 所示，主要包括模块 4——光伏发电控制模块的各种控制按钮输入和模块 6——光伏跟踪模拟模块的各种传感器输入。为避免示意图过于复杂，示意图中编号相同的两根线表示相连接。

输出部分如图 2-14 所示，主要包括模块 4——光伏发电控制模块的各种指示灯输出和模块 2——继电器模块的各种运动控制继电器线圈控制。为避免示意图过于复杂，示意图中编号相同的两根线表示相连接。

三、光伏发电系统主电路接线

光伏发电系统主电路接线示意图如图 2-15 所示，光伏发电系统主电路主要包括摆杆东西 KA1 和摆杆西东 KA2、云台向东 KA3 和云台向西 KA4、云台向北 KA5 和云台向南 KA6 等 3 对运动控制电机正反转电路，以及灯 1（KA7）和灯 2（KA8）等 2 个灯的独立控制。3 对运动控制电机正反转电路的接线要交叉，见图 2 - 15。

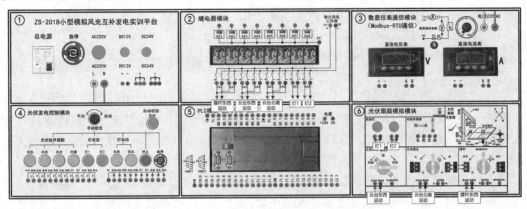

图 2 - 15　光伏发电系统主电路接线示意图

任务小结

　　所有任务的电源接线接好后一定要先给指导老师检查正确后，方可进行其他接线并通电调试。检查前请务必将空气开关打到下方，处于断开状态。

　　光伏发电系统的硬件接线分成电源接线、控制电路接线和主电路接线三个部分。其中控制电路接线又分成输入接线和输出接线。

任务自测

　　1. 光伏发电系统的电源接线哪些接 24V？哪些接 12V？

　　2. 光伏发电系统的控制电路的输入接线主要包含哪些？

　　3. 光伏发电系统的控制电路的输出接线主要包含哪些？

　　4. 光伏发电系统的主电路接线主要包含哪些？

任务三　光伏发电系统手动控制 PLC 程序设计与调试

任务目标

光伏发电系统
手动控制 PLC
程序设计

　　任务一和任务二分别进行了光伏发电系统电气控制图的绘制和硬件接线，本任务开始进行光伏发电系统对应的 PLC 控制程序设计与调试，本任务为手动控制设计与调试。

　　本任务先通过摆杆东西和摆杆西东运动的简单例子，使学生掌握西门子 S7 - 200 系列 PLC 的开发步骤；然后根据控制要求让学生学会光伏发电系统手动控制任务的编写。

任务要求

一、西门子 S7 - 200 PLC 开发步骤（以摆杆东西和摆杆西东运动控制为例）

编写程序，实现以下功能。

（1）按下摆杆东西按钮，摆杆做东西运动；按下摆杆西东按钮，摆杆做西东运动；

（2）按下停止按钮摆杆东西或者西东运动停止；

（3）摆杆东西和摆杆西东运动软件采用互锁。

二、光伏发电系统 PLC 手动控制

光伏发电系统 PLC 手动控制的控制要求如下。

（1）PLC 处在手动控制状态时，按下向东按钮，向东按钮的指示灯亮，光伏电池组件向东偏转 3s 后停止偏转运动，向东按钮的指示灯熄灭。在光伏电池组件向东偏转的过程中，再次按下向东按钮或停止按钮或急停按钮，向东按钮的指示灯熄灭，光伏电池组件停止偏转运动。

按下向西按钮，向西按钮的指示灯亮，光伏电池组件向西偏转 3s 后停止偏转运动，向西按钮的指示灯熄灭。在光伏电池组件向西偏转的过程中，再次按下向西按钮或停止按钮或急停按钮，向西按钮的指示灯熄灭，光伏电池组件停止偏转运动。

向东按钮和向西按钮在程序上采取互锁关系。

向北按钮和向南按钮的作用与向东按钮和向西按钮的作用相同。

（2）PLC 处在手动控制状态时，按下灯 1 按钮，灯 1 按钮的指示灯亮，投射灯 1 亮。再次按下灯 1 按钮或按下停止按钮或急停按钮，灯 1 按钮的指示灯熄灭，投射灯 1 熄灭。

PLC 处在手动控制状态时，按下灯 2 按钮，灯 2 按钮的指示灯亮，投射灯 2 亮。再次按下灯 2 按钮或按下停止按钮或急停按钮，灯 2 按钮的指示灯熄灭，投射灯 2 熄灭。

（3）PLC 处在手动控制状态时，按下东西按钮，东西按钮的指示灯亮，摆杆由东向西方向连续移动。在摆杆由东向西方向连续移动的过程中，再次按下东西按钮或按下停止按钮或急停按钮，东西按钮的指示灯熄灭，摆杆停止运动。摆杆由东向西方向移动处于极限位置时，东西按钮的指示灯熄灭，摆杆停止移动。

如果按下西东按钮，西东按钮的指示灯亮，摆杆由西向东方向连续移动。在摆杆由西向东方向连续移动的过程中，再次按下西东按钮或按下停止按钮或急停按钮，西东按钮的指示灯熄灭，摆杆停止运动。摆杆由西向东方向移动处于极限位置时，西东按钮的指示灯熄灭，摆杆停止移动。

东西按钮控制和西东按钮控制在程序上采取互锁关系。

 任务实施

一、西门子 PLC 的开发步骤

本教材采用的是西门子 S7 - 200 系列 PLC，该系列 PLC 的开发步骤为创建工程→创建符号表→编写程序→编译→下载（含下载设置）→调试（在线监控）。

这里以摆杆东西和摆杆西东这对正反转运动为例介绍 PLC 的开发步骤。

（1）创建工程。单击桌面 S7 - 200 系列 PLC 编程软件图标，如图 2 - 16 所示。

然后单击保存图标，输入文件名进行保存，如图 2 - 17 所示。

图 2 - 16　PLC
编程软件图标

（2）创建符号表。单击左侧"符号表"，在右侧输入 I/O 口地址和对应符号名称，如图 2 - 18 所示。

图 2-17　保存文件

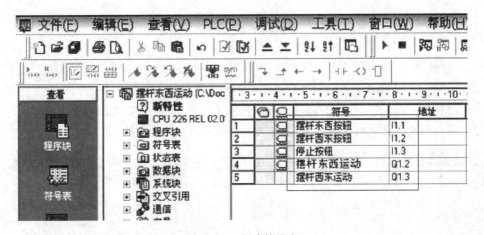

图 2-18　创建符号表

（3）编写程序。单击左侧程序块，单击指令中的触点、线圈等进行程序编写，如图 2-19 所示。

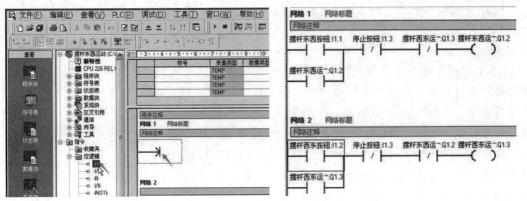

图 2-19　编号程序

（4）编译。编写完程序后，单击图 2-20 中上方左侧箭头，进行编译，如果没错，下方信息栏提示 0 个错误；如果有错误，请修改程序后重新编译。

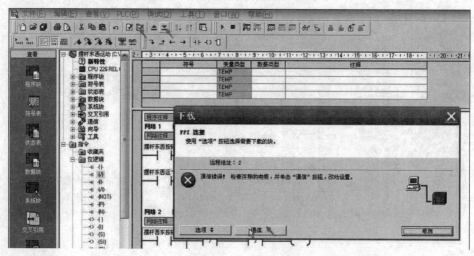

图 2-20　下载页面

（5）下载（含下载设置）。编译通过后单击图 2-20 中的上方右侧箭头进行下载，在第一次下载或者更换下载线使用的 USB 端口时，会出现如图 2-20 所示的界面，单击"通信…"，出现如图 2-21 所示界面。

单击设置 PG/PC 接口，出现如图 2-22 所示界面，双击"PC/PPI cable（PPI）"，出现图 2-23（a）所示界面，在"本地连接"选项卡中选择西门子 PLC 下载线端口。

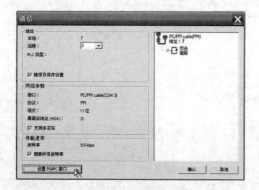

图 2-21　通信设置

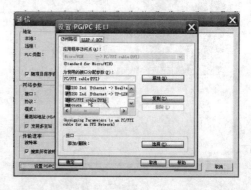

图 2-22　设置 PG/PC 接口

"本地连接"选项卡不是选择 USB 口，可以通过右击"我的电脑"—"属性"—"设备管理器"进行查看下载编程线的端口号（COM3），进行对应设置，如图 2-24 所示。

设置完"本地连接"选项卡，单击左侧"PPI"选项卡设置，地址根据 PLC 的地址设置，一般默认为 2（实训室有的 PLC 地址也会设置成 7、10 等）。设置完单击确定。

在出现的界面中右侧单击"刷新"（见图 2-21），当出现如图 2-25 所示的 PLC 图标时，说明找到 PLC，此时单击"取消"，然后单击"确定"，出现如图 2-26 所示界面，原有的通信错误提示消失，说明下载器已经正确连接，此时单击"下载"，出现"您希望设置 PLC 为 STOP 模式吗？"，单击"确定"，开始下载程序，下载完成后，出现"设置 PLC 为 RUN 模

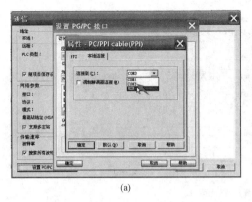 

(a)　　　　　　　　　　　　　　　　(b)

图 2-23　设置 PC/PPI

（a）设置下载端口；（b）设置 PLC 地址

  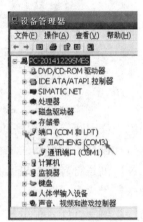

图 2-24　设置查看编程下载线端口号

式吗?"，单击"确定"，下载成功。

 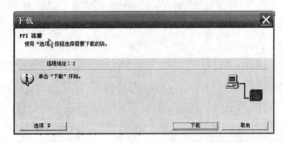

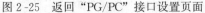

图 2-25　返回"PG/PC"接口设置页面　　　　　图 2-26　下载页面

（6）调试（在线监控）。下载程序成功后，单击图 2-27 箭头所示的"程序在线监控"图标，可以在进行调试时观察每个触点的通断情况，如图 2-27 所示。

二、光伏发电系统手动 PLC 控制程序设计与调试

上面通过一个简单例子讲解了西门子系列 PLC 的开发步骤：创建工程→创建符号表→

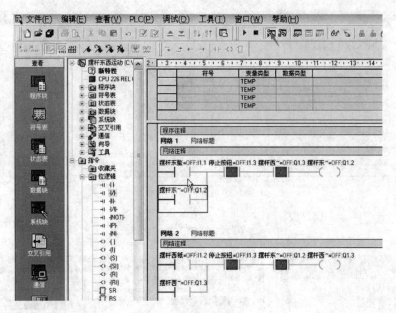

图 2-27　程序在线监控

编写程序→编译→下载（含下载设置）→调试（在线监控）。下面按照上述步骤进行光伏发电系统手动 PLC 控制程序的设计与调试，控制要求详见上面的任务要求。

（1）创建工程。新建工程，命名为"光伏发电系统手动控制.mcp"

（2）创建符号表。根据 I/O 分配表和接线图，建立符号表如图 2-28 所示，这里分 I、Q 两张符号表。

（3）编写程序。单击程序编辑区域下方，第一张选项卡为"主程序"，第二张选项卡改名为"手动"。

1）主程序。

网络 1（见图 2-29）：SR 指令为置位优先的置位/复位（SR）指令，当两行同时导通时，M0.0 置 1，所以当旋转开关（手动自动选择）从手动→自动，第一行导通，M0.0 置 1，此时第一行的 M0.0 动断触点断开，第一行断开；当旋转开关从自动→手动，第二行导通，M0.0 复位，此时第一行的动断触点 M0.0 又闭合。下一次旋转开关再从手动→自动时候，M0.0 又置 1。

网络 2（见图 2-30）：网络 2 和网络 1 的功能类似，不同的是急停按钮平时就是动断状态，所以和网络 1 不同，当急停按下时候 I0.2 为动断触点闭合，第一行导通，M0.2 置 1。

网络 3（见图 2-31）：该网络实现 PLC 的所有输出复位，包括 Q 和 M。复位条件为手动→自动（M0.0 得电，M0.0 动合触点从 0→1），自动→手动（M0.0 失电，所以 M0.0 动开触点从 0→1），急停按下（M0.2），停止按钮（I1.3）按下，组态软件的停止按钮（M1.3）按下。程序中的 P 表示上升沿检出，每次手动和自动切换时只执行 1 次。

网络 4（见图 2-32）：当 PLC 运行时（SM0.0=1），旋转开关（手动自动选择）切换在手动位置时，M0.0 失电，此时 M0.0 动开触点闭合，因此执行手动程序。

网络 5（见图 2-33）：由于云台向东和云台向西共用 1 个接近开关作为限位开关，所以该网络是用来把光伏向东、向西限位开关一分为二，分为光伏东限位 M3.0 和光伏西限位

		符号	地址
		旋转开关	I0.0
		启动按钮	I0.1
		急停按钮	I0.2
		云台向东按钮	I0.3
		云台向西按钮	I0.4
		云台向北按钮	I0.5
		云台向南按钮	I0.6
		灯1按钮	I0.7
		灯2按钮	I1.0
		摆杆东西按钮	I1.1
		摆杆西东按钮	I1.2
		停止按钮	I1.3
		摆杆垂直接近	I1.4
		未定义	I1.5
		云台东西接近	I1.6
		未定义	I1.7
		云台北限位	I2.0
		云台南限位	I2.1
		光线传感东	I2.2
		光线传感西	I2.3
		光线传感北	I2.4
		光线传感南	I2.5
		摆杆西限位	I2.6
		摆杆东限位	I2.7
		云台东接近	M3.0
		云台西接近	M3.1
		摆杆西东1	M8.0
		摆杆西东2	M8.1

		符号	地址
		启动指示灯	Q0.0
		向东指示灯	Q0.1
		向西指示灯	Q0.2
		向北指示灯	Q0.3
		向南指示灯	Q0.4
		灯1线圈	Q0.5
		灯2线圈	Q0.6
		东西指示灯	Q0.7
		西东指示灯	Q1.0
		停止指示灯	Q1.1
		摆杆东西继电	Q1.2
		摆杆西东继电	Q1.3
		云台东继电	Q1.4
		云台西继电	Q1.5
		云台北继电	Q1.6
		云台南继电	Q1.7

图 2-28　光伏发电系统 PLC 控制的符号表

图 2-29　任务 2.3A 主程序 1

图 2-30　任务 2.3A 主程序 2

M3.1。当接近开关导通时，有可能向东到达限位或者向西到达限位；当此时正在向东运动，

（左列图）

```
      M0.0                          启动指示灯:Q0.0
    ──┤ ├──────┤P├──                   ─( R )─
                                         16
      M0.0                            M0.3
    ──┤/├──────┤P├──                   ─( R )─
                                        100
      M0.2
    ──┤ ├──

    停止按钮:I1.3
    ──┤ ├──

      M1.3
    ──┤ ├──
```

图 2-31　任务 2.3A 主程序 3

（右列文字）

则表示向东限位；当此时正在向西运动，则表示向西限位。图 2-33 中 M3.0 和 M3.1 互锁，确保不会两者同时导通，同时需要加自锁，确保到达东限位后运动停止时还在东限位，此时还是表示在东限位位置。

2）手动程序。

这里以网络 1 和网络 2 的摆杆东西和摆杆西东运动为例，其余两个云台向东和云台向西、云台向北和云台向南类似。

网络 1（见图 2-34）：按下摆杆东西按钮，SR 指令两路都通，S 优先，Q1.2 和 Q0.7 得电，Q1.2

```
      SM0.0      M0.0                   ┌──────────┐
    ───┤ ├───────┤/├──────────────────│    手动   │
                                        │EN        │
                                        └──────────┘
```

图 2-32　任务 2.3A 主程序 4

```
   云台东西接近:I1.6  云台东继电:Q1.4  云台西接近:M3.1  云台东接近:M3.0
    ───┤ ├───────────┤ ├────────┬──────┤/├──────────(   )─
                                 │
                    云台东接近:M3.0
                    ───┤ ├───────┘

   云台西继电:Q1.5   云台东接近:M3.0  云台西接近:M3.1
    ───┤ ├───────────┬──────────┤/├──────────(   )─
                      │
                    云台西接近:M3.1
                    ───┤ ├───────┘
```

图 2-33　任务 2.3A 主程序 5

摆杆东西继电器导通进行摆杆东西运动，同时 Q0.7 东西指示灯亮，第一行中 Q1.2 动断触点断开；再次按下摆杆东西按钮时候，第一行不导通，第二行导通，所以 Q1.2 和 Q0.7 复位，第一行中 Q1.2 动断触点闭合，下一次再按下时又是执行第一行置 1 指令。

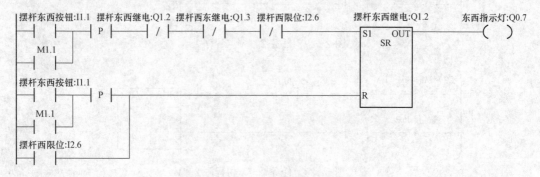

图 2-34　任务 2.3B 手动程序网络 1

网络2（见图2-35）摆杆西东类似。网络1和网络2中当摆杆做东西运动时，碰到摆杆东西限位开关时，动合触点I2.6闭合，对输出进行复位，停止运动，指示灯灭，同时I2.6的动断触点断开，在摆杆东西极限位置时，按摆杆东西按钮不会继续运动。M1.1为组态软件上对应的摆杆东西按钮关联的中间变量。摆杆西东类似。

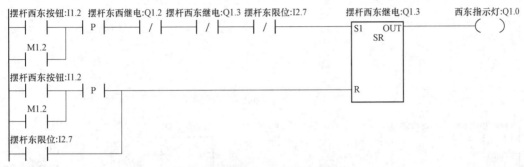

图2-35　任务2.3B手动程序网络2

网络1和网络2中摆杆东西和摆杆西东互锁（动断互相串联）。确保不会同时导通。

网络3、4为云台向东、云台向西运动，网络5、6为云台向北、云台向南运动，和网络1和网络2的摆杆东西和摆杆西东类似。网络3~网络6如图2-36~图2-39所示。

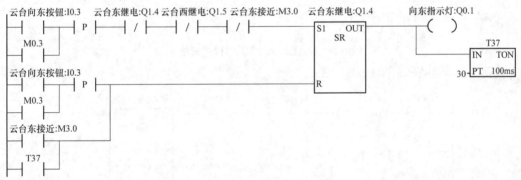

图2-36　任务2.3B手动程序网络3

图2-37　任务2.3B手动程序网络4

网络3、4中的云台向东、云台向西的限位开关公共1个云台接近开关，在主程序的网络5中已经区分成向东M3.0和向西M3.1两个，详见主程序讲解。

网络7和网络8分别为灯1和灯2控制程序，灯1和灯2不需要进行互锁，因此比较简

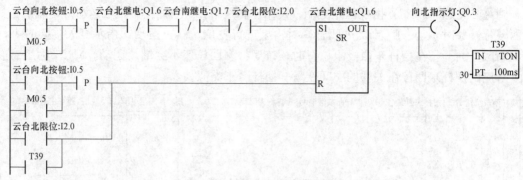

图 2-38　任务 2.3B 手动程序网络 5

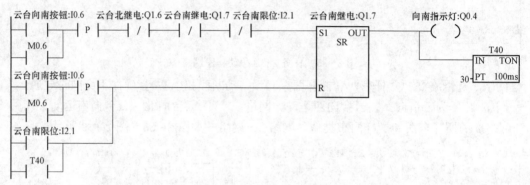

图 2-39　任务 2.3B 手动程序网络 6

单，如图 2-40 和图 2-41 所示。

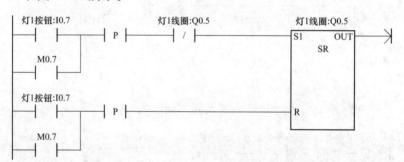

图 2-40　任务 2.3B 手动程序网络 7

图 2-41　任务 2.3B 手动程序网络 8

（4）编译、下载、调试。完成编写后，进行编译、下载和调试。根据控制要求一个个验收，有错误可以通过在线监控查找错误地方并进行修改。

🔍 **任务小结**

西门子 S7-200 系列 PLC 开发步骤：创建工程→创建符号表→编写程序→编译→下载（含下载设置）→调试（在线监控）。

PLC 下载时参数要严格按照任务中讲解步骤进行设置。

光伏发电系统 PLC 手动控制分成主程序和手动程序两部分：主程序完成复位、手动/自动共用程序的编写；手动部分完成控制要求的手动任务。

完成程序编写后，进行编译，有语法错误会有提示，修改后方能进行下载；语法没错误，下载后可以利用在线监控进行调试，排除逻辑错误，从而达到任务的控制要求。

🔋 **任务自测**

1. 请简要阐述西门子系列 PLC 的开发步骤。
2. 请简要阐述 PLC 下载时参数如何设置。
3. 如何查询西门子 PLC 的 USB-PPI 下载线端口？
4. 光伏发电系统 PLC 手动控制分成哪两个部分？各有什么功能？
5. 云台向东和云台向西共用 1 个接近开关，如何处理成 2 个限位开关？

任务四　光伏发电系统自动控制 PLC 程序设计与调试——仿状态编程法

🎥 **任务目标**

任务三进行了光伏发电系统的手动控制设计与调试，本任务进行光伏发电系统的自动控制设计与调试。光伏发电系统自动控制的 PLC 程序设计分两种大类方法，一种是仿状态编程法，另一种是状态编程法。本任务先介绍仿状态编程法，任务五将介绍状态编程法。

光伏发电系统
自动控制 PLC
程序设计

通过本任务训练使学生掌握仿状态编程法的两种编程思路：①置位复位切换法（SR 切换法）；②线圈切换法。

🎥 **任务要求**

光伏发电系统 PLC 自动控制程序设计控制要求如下。

（1）旋转开关拨向右边时，PLC 处在自动控制状态，按下启动按钮，PLC 执行自动控制程序。PLC 执行自动控制程序时，除了启动按钮指示灯以 2s 周期闪烁、灯 1 和灯 2 按钮指示灯按要求亮外，其他各功能按钮指示灯不亮。

（2）PLC 处在自动控制状态，按下启动按钮，摆杆向东连续移动，到达摆杆极限位置时，摆杆停止移动。该过程中，投射灯不亮。3s 后，投射灯 1 和投射灯 2 亮，光伏电池组件对光跟踪，对光跟踪结束时，摆杆由东向西方向移动，即移动 3s 停 2s，摆杆不连续移动。摆杆由东向西方向开始移动时，光伏电池组件对光跟踪，当摆杆到达摆杆极限位置时，摆杆停止移动，光伏电池组件对光跟踪结束时，投射灯熄灭。3s 后，摆杆向东连续移动，到达垂直接近开关位置时，摆杆停止移动，投射灯 1 和投射灯 2 亮，光伏电池组件对光跟踪，对光跟踪结束时，投射灯熄灭。停止指示灯闪 3 次（周期 1s）后熄灭，自动控制程序结束（启动按钮指示灯也停止闪烁）。

（3）在自动控制状态下，当按下停止按钮或急停按钮时，投射灯熄灭、摆杆和光伏电池组件停止运动。

任务实施

一、仿状态编程法 1——置位复位切换法（SR 切换法）

（1）主程序。主程序的网络 1～网络 2（见图 2-42、图 2-43）、网络 5 和手动一样，在这里不再累述。

图 2-42　任务 2.4A 主程序网络 1

图 2-43　任务 2.4A 主程序网络 2

网络 3（见图 2-44）多并联一个 T58，是自动执行完的复位，详细在自动程序中讲解。

网络 4（见图 2-45）：这里的手动、自动需要右键单击"手动"子程序，增加一个"自动"子程序。当旋转开关从"手动"切换到"自动"，M0.0 动合触点闭合，动断触点断开，执行自动程序。

图 2-44　任务 2.4A 主程序网络 3

图 2-45　任务 2.4A 主程序网络 4

图 2-46 程序将云台向东向西运动接近开关处理成向东 M3.0 向西 M3.1 两个虚拟限位

开关。

（2）自动程序。

网络1（见图2-47）：四个光线传感器当没有照到时，对应的 I/O 口得电，照到时候，对应 I/O 口失电；逻辑上和按钮刚好相反。因此如网络1所示，当光线传感器东没有照到 I2.2 动合触点闭合，其余照到，对应动断触点闭合，因此云台向东运动，向西、向北、向南类似，哪边没照到就往哪边运

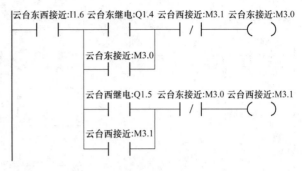

图 2-46　任务 2.4A 主程序网络 5

动；当全部照到（即正对太阳正对光伏电池板）时，四个传感器对应 I/O 口全部失电，I2.2～I2.5 四个动断触点全部闭合，M6.0 导通，表示跟踪上。

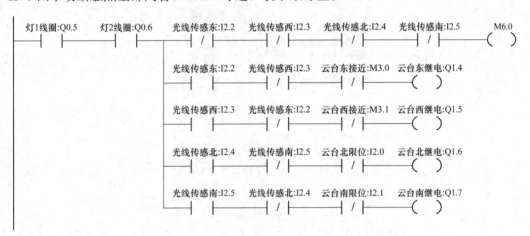

图 2-47　任务 2.4SR 法自动程序网络 1

开头的 Q0.5 和 Q0.6 两个触点表示跟踪只在两个灯一起亮时才执行。

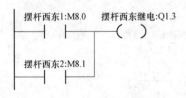

图 2-48　任务 2.4SR 法自动程序网络 2

网络2（见图2-48）：由于网络5和网络7中各出现1次摆杆西东运动，如果网络5和网络7中对应位置都用 Q1.3，那么就出现一个程序中两个不同网络出现 Q1.3，这种现象叫做"双线圈现象"，为了解决这一问题，网络5和网络7中分别用 M8.0 和 M8.1 代替，在网络2中并联，输出 Q1.3，这样只出现1次 Q1.3，避免了"双线圈现象"。

网络3（见图2-49）：按下启动按钮，M6.1 和 M6.2 得电（S 上方 M6.1 表示起始元件，下方数字表示元件数量，即 M6.1 开始的2个 M 元件），此时，网络4和网络5工作。

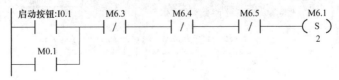

图 2-49　任务 2.4SR 法自动程序网络 3

网络4（见图2-50）：为启动指示灯以2s周期闪烁（采用T50和T51两个定时器构成方波电路，亮1s灭1s），该网络在自动程序运行期间一直执行。

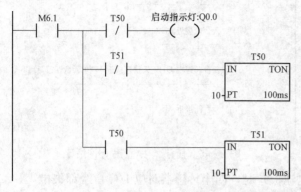

图2-50 任务2.4SR法自动程序网络4

网络5（见图2-51）：开始自动控制的第一步动作：摆杆西东运动，摆到西东限位时候，停止运动，同时开始定时3s，3s时间到灯1和灯2亮，跟踪上（M6.0＝1），此时，M6.3置1进入下一步。

网络6（见图2-52）：M6.3得电时，M6.2复位，切断上一步，此时，摆杆走3s停2s运动，一直到东西限位，然后跟踪上（M6.0＝1），此时，M6.4置1进入下一步。

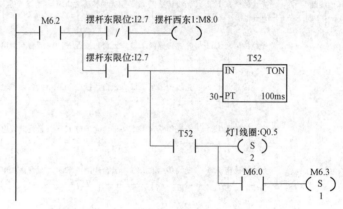

图2-51 任务2.4SR法自动程序网络5

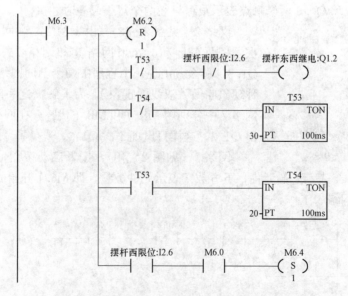

图2-52 任务2.4SR法自动程序网络6

网络 7（见图 2 - 53）：M6.4 得电时，M6.3 复位，切断上一步，此时，灯 1 和灯 2 熄灭，延时 3s，时间到，摆杆西东运动，到达正午位置（垂直接近开关导通），灯 1 和灯 2 亮，然后云台进行跟踪，跟踪上（M6.0＝1），此时，M6.5 置 1 进入下一步。

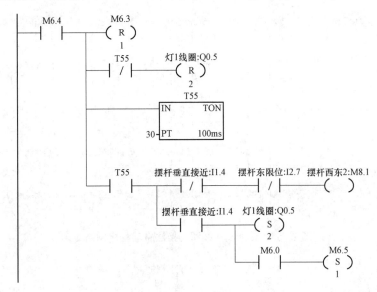

图 2 - 53　任务 2.4SR 法自动程序网络 7

网络 8（见图 2-54）：M6.5 得电时，M6.4 复位，切断上一步，灯 1 和灯 2 熄灭，停止指示灯闪烁 3s（周期 1s）后，自动程序结束，T58 并联到主程序的复位网络中对输出进行复位。

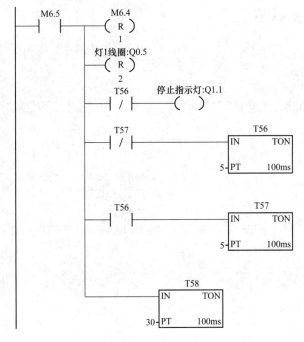

图 2 - 54　任务 2.4SR 法自动程序网络 8

二、仿状态编程法 2——线圈切换法

主程序跟仿状态编程法 1 一样，就省略了。以下是自动子程序，如图 2 - 55～图 2 - 61 所示。

图 2 - 55　任务 2.4 线圈切换法自动程序网络 1

图 2 - 56　任务 2.4 线圈切换法自动程序网络 2　　　图 2 - 57　任务 2.4 线圈切换法自动程序网络 3

图 2 - 58　任务 2.4 线圈切换法自动程序网络 4

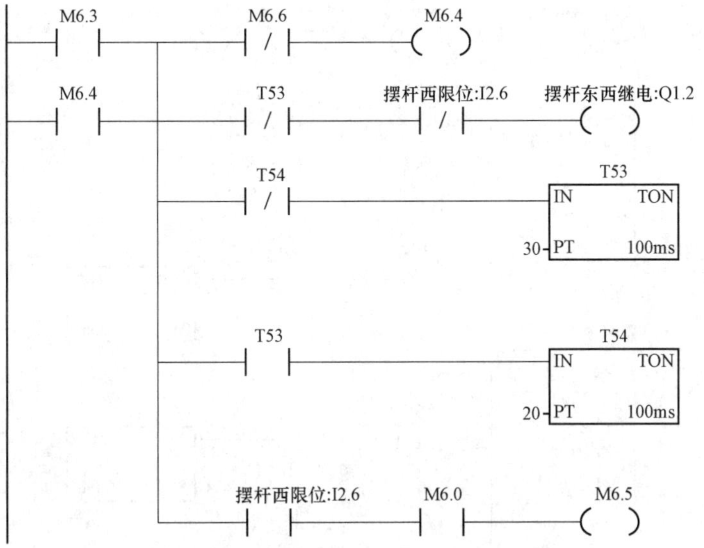

图 2-59　任务 2.4 线圈切换法自动程序网络 5

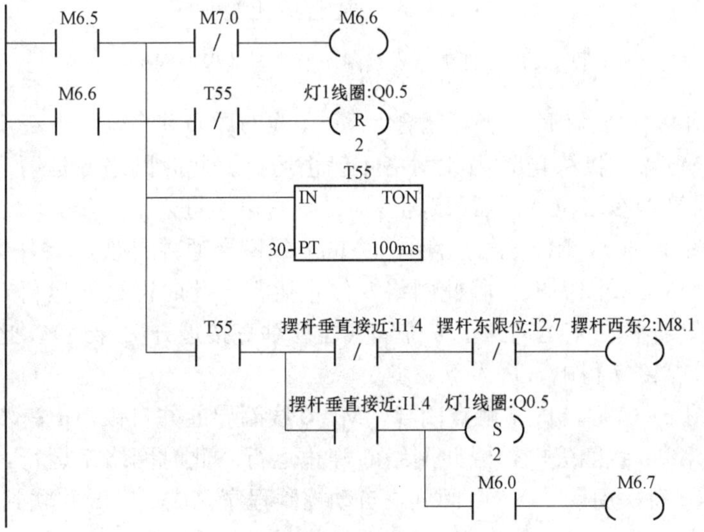

图 2-60　任务 2.4 线圈切换法自动程序网络 6

网络 1 和网络 2 和上面仿状态编程法 1 一样。

网络 1（见图 2-55）：灯 1、灯 2 亮时，云台根据四个光线传感器进行东、西、北、南跟踪运动。

网络 2（见图 2-56）：摆杆西东运动"双线圈现象"解决。

网络 3（见图 2-57）：按下启动按钮 M6.1 线圈得电，M6.1 动合触点闭合自锁，此时启动指示灯以 2s 周期闪烁。M6.1 这一步贯穿整个自动程序运行过程，没有进行状态切换。

网络 4（见图 2-58）：按下启动按钮，开始执行自动程序：M6.2 线圈得电，M6.2 动合触点导通自锁，此时进入第一个状态，摆杆西东运动，到达限位开关时候停止运动，同时开始延时 3s，时间到，灯 1 和灯 2 亮，跟踪上 M6.3 线圈得电，进入下一步。

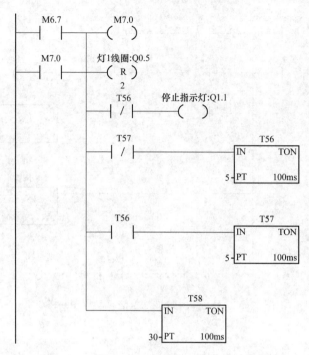

图 2-61　任务 2.4 线圈切换法自动程序网络 7

网络 5（见图 2-59）：M6.3 触点闭合，M6.4 线圈导通并自锁，上一步中串联的 M6.4 动断触点断开，M6.2 线圈失电，因此网络 4 停止运行。此时网络 5 运行，摆杆东西运动，走 3s 停 2s，一直到西东限位，然后跟踪上，M6.5 得电，进入下一步。

网络 6（见图 2-60）：M6.5 触点闭合，M6.6 线圈导通并自锁，上一步中串联的 M6.6 动断触点断开，M6.4 线圈失电，因此网络 5 停止运行。此时网络 6 运行，灯 1 和灯 2 灭，定时 3s，时间到，摆杆西东运动到正午位置（摆杆垂直接近开关导通），此时，灯 1 和灯 2 亮，然后跟踪上，M6.7 得电，进入下一步。

网络 7（见图 2-61）：M6.7 触点闭合，M7.0 线圈导通并自锁，上一步中串联的 M7.0 动断触点断开，M6.6 线圈失电，因此网络 6 停止运行。此时网络 7 运行，灯 1 和灯 2 灭，停止指示灯闪 3s（每次周期 1s），时间到，自动控制程序完成，T58 并联到主程序的复位网络中对输出进行复位。

任务小结

仿状态编程法 1——置位复位切换法：通过在每一步完成后将下一步的触点置 1，下一步开始采用复位指令对上一步触点进行复位，从而实现状态切换。

仿状态编程法 2——线圈切换法：每一步（状态）完成后某个 M 线圈得电，则下一步（状态）导通，另一个线圈导通并自锁，同时串联到上一步的动断触点将上一步断开，从而实现状态切换。

任务自测

1. 请简要阐述仿状态编程法 1——置位复位切换法。

2. 请简要阐述仿状态编程法 2——线圈切换法。

3. 什么是"双线圈现象"? 如何处理来避免。

4. 请分析图 2-52 和图 2-59 两个图中如何实现摆杆进行走 3s 停 2s 运动。

任务五　光伏发电系统自动控制 PLC 程序设计与调试——状态编程法

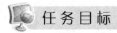 任务目标

任务四采用仿状态编程法进行了光伏发电系统的自动控制 PLC 程序设计与调试,本任务训练是让学生掌握采用状态编程法进行光伏发电系统的自动控制 PLC 程序设计与调试。

光伏发电系统
自动控制 PLC
程序设计

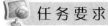 任务要求

采用状态编程法进行光伏发电系统的自动控制设计与调试的控制要求与任务四一样,不在这里累述。

任务实施

光伏发电系统自动控制的状态编程法主程序部分和上一个任务一样,不同的是自动程序中不用 SR 指令和线圈触点来切换状态,而是采用状态元件 S 来切换状态。

自动程序如下,其中网络 1 (见图 2-62) 和网络 2 (见图 2-63) 和仿状态编程法一样。

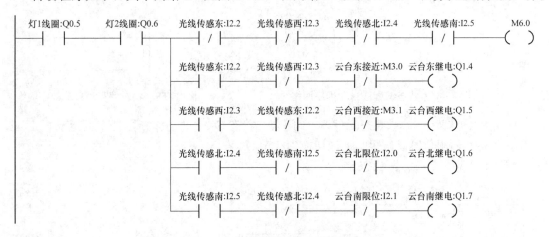

图 2-62　状态编程法自动程序网络 1

网络 3 (见图 2-64):按下启动按钮,M6.1 导通,同时激活状态元件 S0.0,激活网络 5。

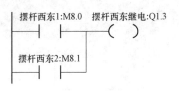

图 2-63　状态编程法自动程序网络 2

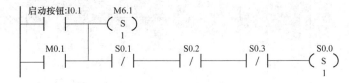

图 2-64　状态编程法自动程序网络 3

网络 4（见图 2-65）：M6.1 导通，启动指示灯做 2s 周期的闪烁，贯穿整个过程。

网络 5（见图 2-66）：状态 S0.0 的开始。

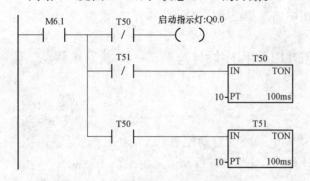

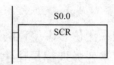

图 2-65　状态编程法自动程序网络 4　　　　　图 2-66　状态编程法自动程序网络 5

网络 6（见图 2-67）：状态元件 S0.0 闭合，状态 S0.0 的动作，摆杆西东运动，到西东限位时候延时 3s，时间到灯 1 和灯 2 亮，跟踪上，激活转移到状态 S0.1。

网络 7（见图 2-68）：状态 S0.1 开始。

图 2-67　状态编程法自动程序网络 6　　　　　图 2-68　状态编程法自动程序网络 7

网络 8（见图 2-69）：状态元件 S0.1 闭合，状态 S0.1 的动作，摆杆东西运动，走 3s，停 2s，到达东西限位时候，跟踪上，切换到状态 S0.2。

网络 9（见图 2-70）：状态 S0.2 开始。

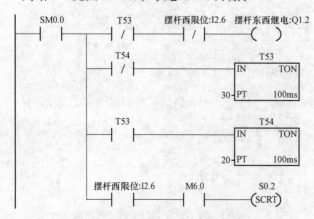

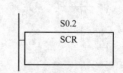

图 2-69　状态编程法自动程序网络 8　　　　　图 2-70　状态编程法自动程序网络 9

网络 10（见图 2-71）：状态元件 S0.2 闭合，状态 S0.2 的动作，灯 1 和灯 2 灭，延时 3s 后，摆杆西东运动到正午位置后两个灯亮，跟踪上，切换到 S0.3 状态。

网络 11（见图 2-72）：状态 S0.3 开始。

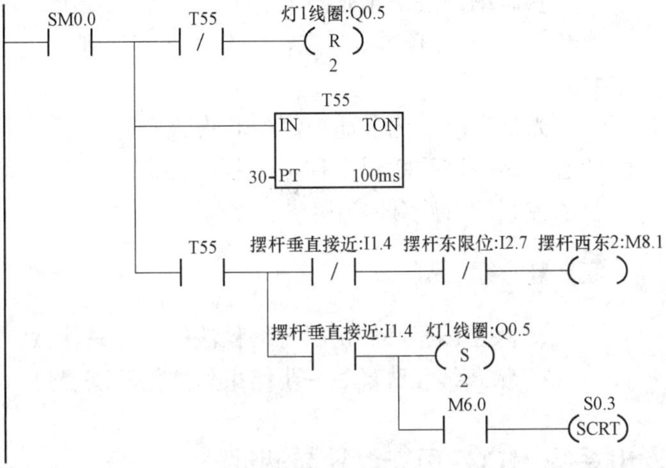

图 2-71　状态编程法自动程序网络 10 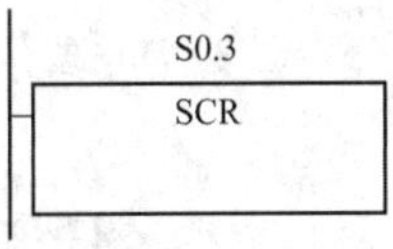　　图 2-72　状态编程法自动程序网络 11

网络 12（见图 2-73）：状态元件 S0.3 闭合，状态 S0.3 的动作，灯 1 和灯 2 灭，停止指示灯闪 3s（周期 1s），状态元件 S0.4 导通。

网络 13（见图 2-74）：状态指令结束。

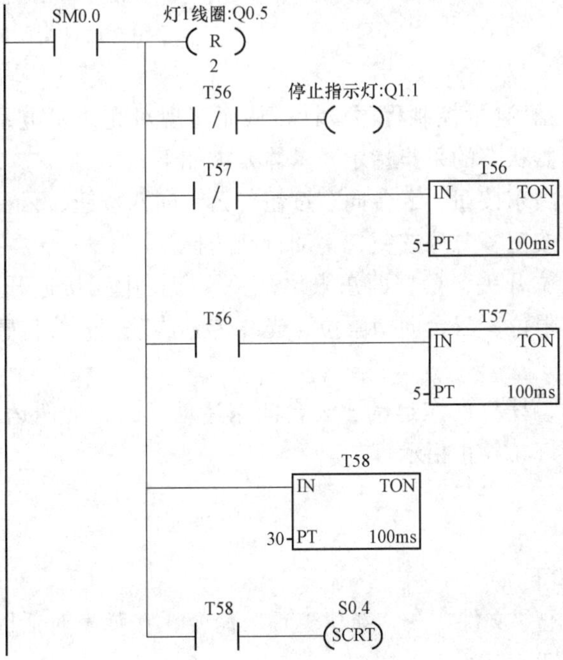

图 2-73　状态编程法自动程序网络 12 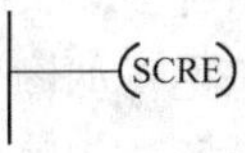　　图 2-74　状态编程法自动程序网络 13

需要注意的是，网络 12 中最后 S0.4 导通（自动程序结束），在主程序中的复位部分需要并联一个状态元件 S0.4 的动合触点，用来在自动程序结束时对所有 Q、M 和 S 进行复

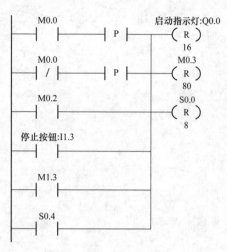

图 2-75　复位程序

位，如图 2-75 所示。

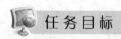

状态编程法采用状态元件来实现状态切换，每个状态以 SCR 开始本状态，以 SCRT 转移到下一个状态。

光伏发电系统自动控制的状态编程法最后一个状态元件应该并联到主程序的复位部分，从而实现自动控制结束后对输出等进行复位。

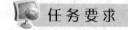

1. 状态编程法和仿状态编程法的区别是什么？
2. 状态编程法最后一步结束后如何实现复位？

任务六　光伏发电系统 MCGS 组态设计与调试

任务目标

通过光伏发电系统组态设计，掌握触摸屏 MCGS 组态软件设计开发步骤及实际应用。

光伏发电 MCGS
组态设计与调试

任务要求

采用 MCGS 进行光伏发电系统的上位机测量控制程序设计，从而实现对光伏发电系统的运动控制，并实现运动状态指示和传感器状态的采集指示。具体要求如下。

（1）控制按钮：摆杆东西按钮、摆杆西东按钮、云台向东按钮、云台向西按钮、云台向北按钮、云台向南按钮、启动按钮、停止按钮、急停按钮、手动自动选择。

（2）传感器状态指示灯：摆杆东西限位开关、摆杆西东限位开关、摆杆中间接近开关、云台向东限位、云台向西限位、云台向北限位、云台向南限位、光线传感器东、光线传感器西、光线传感器北、光线传感器南。

（3）运动状态指示灯：摆杆东西运动、摆杆西东运动、云台向东运动、云台向西运动、云台向北运动、云台向南运动、启动指示灯、停止指示灯。

任务实施

光伏发电系统 MCGS 组态设计步骤如下。

（1）新建工程：如图 2-76 所示，单击"文件"→"新建工程"命令，在弹出对话框中选择实训平台上所使用的触摸屏型号 TPC7062TX。

（2）添加设备并设置参数。添加设备如图 2-77 所示，单击"设备窗口"选项卡，双击"设备窗口"图标，空白处右键单击，选择"设备工具箱"；双击"通用串口父设备 0"，再双击"西门子＿S7200PPI"（如果没有，需要到"设备管理"中进行查找添加），添加设备

图 2-76　新建工程

是指定触摸屏的通信对象，此处为西门子 S7-200 系列 PLC，图 2-77 中右图为完成添加设备的界面。

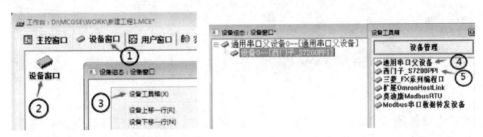

图 2-77　添加设备

双击所添加的"通用串口父设备 0"进行设置，其中串口端口号选择 COM2（触摸屏后面有 2 个端口，COM2 为 485，COM1 为 232），设置 MCGS 与 PLC 的通信参数如图 2-78：波特率 9600、数据位 8 位、停止位 1 位、偶校验；双击"西门子_S7200PPI"出现界面左下角进行 PLC 地址等设置，设备地址设置为 2（即 PLC 地址）。

设备属性名	设备属性值
设备名称	通用串口父设备0
设备注释	通用串口父设备
初始工作状态	1 - 启动
最小采集周期(ms)	1000
串口端口号(1~255)	1 - COM2
通讯波特率	6 - 9600
数据位位数	1 - 8位
停止位位数	0 - 1位
数据校验方式	2 - 偶校验

设备属性名	设备属性值
[内部属性]	设置设备内部属性
采集优化	1-优化
设备名称	设备0
设备注释	西门子_S7200PPI
初始工作状态	1 - 启动
最小采集周期(ms)	100
设备地址	2
通讯等待时间	500
快速采集次数	0
采集方式	0 - 分块采集

图 2-78　设置设备属性

（3）添加变量：PLC 中与组态相关的元件。先单击图 2-79 中的"删除全部通道"，清空变量列表，然后单击增加设备通道，出现图 2-79 中间弹出的界面，根据不同的变量类型（I、M、Q、T、C、D 等），在通道类型下拉菜单进行选择。例如添加 Q0.2 开始的 10 个，则：通道类型选择"Q 寄存器"，数据类型选择"通道的第 2 位"、通道地址设置为 0，通道个数设置为 10。这样连续的变量可以批量添加，这里添加了 Q0.2 开始的连续 10 个变量：Q0.2~Q0.7 和 Q1.0~Q1.3（注意没有 Q0.8 和 Q0.9）。

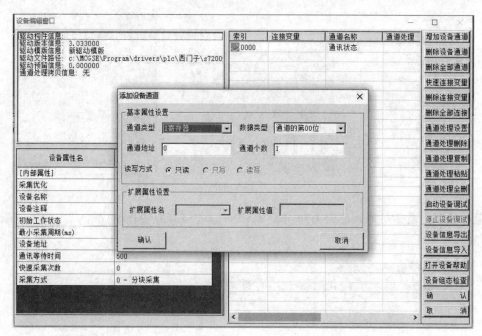

图 2-79 添加变量

添加完变量如图 2-80 所示，组态中的传感器用 I（直接读取输入口状态，除了云台向东向西共用 1 个输入口软件处理成 M3.0 和 M3.1），输出用 Q，按钮用 M（实际硬件的按钮用 I），这是为何手动程序中所有运动控制并联一个对应编号 M 元件的道理，I 只受外部控制，不受 MCGS 控制，但是 I 可以读取状态，所以传感器状态指示灯可以关联 I。

图 2-80 光伏发电系统 MCGS 变量

（4）界面设计。

单击工具箱图标（见图 2-81 中的①），弹出工具箱，按钮和文本图标分别为②、③，指示灯和旋转开关需单击④打开元件库，指示灯选用⑤中的"指示灯 11"和"指示灯 16"，旋转开关选用⑥中的"开关6"。

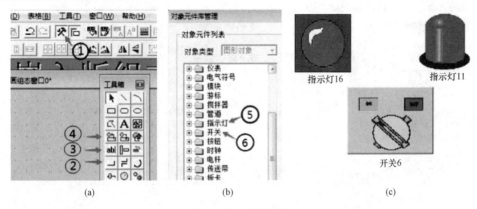

图 2-81　界面设计

（a）工具箱；（b）元件库；（c）使用的指示灯和旋转开关

旋转开关（手动自动）默认为左 ON 右 OFF，为了与实际硬件一样，可以通过"排列→旋转→左右镜像"更改，更改后"OFF"和"ON"可以用文本"手动""自动"覆盖，文本背景颜色设置和 OFF 和 ON 相同即可，完成后即左手动（OFF）、右自动（ON）。

设计好的光伏发电系统 MCGS 组态界面如图 2-82 所示，其中，按钮和灯等的对齐和均布可以通过选中需要对齐和均布的对象，选择菜单"排列"→"对齐"→相关的对齐方式和均布方式。更多的控件功能和编辑功能请参考 MCGS 相关书籍。

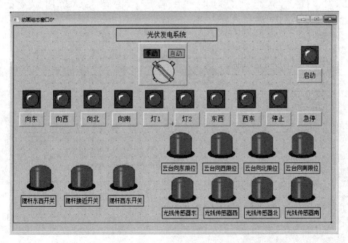

图 2-82　光伏发电系统 MCGS 组态界面

（5）关联变量：将控件与变量关联。按钮关联时除急停设置为取反，其余按钮选择为按 1 松 0（和实际一样），如图 2-83 所示。

旋转开关关联时选择"数据对象"选项卡，"按钮输入"和"可见度"两个都要关联"旋转开关"；输出的所有指示灯都选择"数据对象"选项卡，而不是选择"动画连接"选项卡，且"可见度"关联相关的变量。

（6）下载调试：按图 2-84 中所示步骤①～④，将设计的组态程序下载到触摸屏并调试。下载完成后，可以通过 MCGS 与 PLC 通信控制相关运动，如果有问题可以通过在线监控 PLC 梯形图中的触点状态，查找问题后修改，这是西门子 S7-200PLC 拥有两个 485 通信

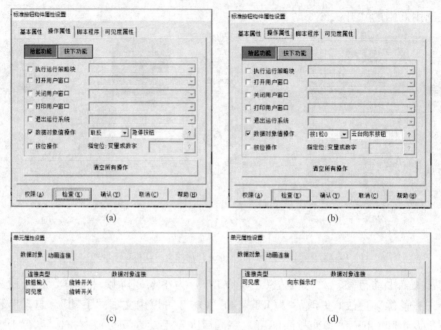

图 2-83 关联变量

(a) 急停按钮变量关联；(b) 普通按钮变量关联；(c) 旋转变量关联；(d) 指示灯变量关联

口的好处，一个和 MCGS 触摸屏通信，另一个通过 USB-PPI 和电脑连接，从而在组态控制时也能实时监控 PLC 的运行状态，更好地调试程序；传感器状态可以通过实训平台上相关传感器碰触，来观察是否触摸屏上有相应状态指示。

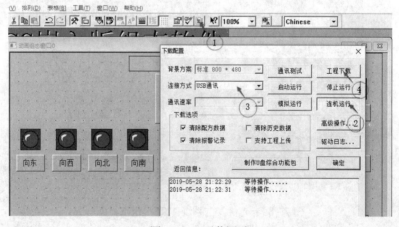

图 2-84 下载调试

🔍 任务小结

采用 MCGS 进行光伏发电系统组态设计的步骤有 6 步：①新建工程；②添加设备并设置通信参数；③添加变量；④界面设计；⑤关联变量；⑥下载调试。

MCGS 下载时候需要选择"连机运行"，然后选择通信方式"USB 连接"，最后点击"下载"，下载完毕点击"启动运行"。

西门子 S7 - 200 PLC 拥有两个 485 通信口：一个和 MCGS 触摸屏通信，另一个通过 USB - PPI 和电脑连接。因此，MCGS 的调试如果有问题可以通过在线监控 PLC 的梯形图中触点状态，查找问题后修改。

任务自测

1. MCGS 与西门子 PLC 通信的参数在 MCGS 组态设计时如何设置？
2. 光伏发电系统的手动自动选择如何设计？
3. 对于按钮或者指示灯如何进行对齐和均布？
4. 西门子 S7 - 200 系列 PLC 和 MCGS 触摸屏通信进行组态控制时，能否使用在线监控？为何？

任务七 风光互补发电系统智能仪表设置与通信线制作

任务目标

以 ZS - 201B 小型模拟风光互补发电实训平台的数显仪表通信模块为例，通过训练学会智能仪表的设置；此外，通过实际制作训练掌握 PLC 和触摸屏、工控机的通信线制作方法，智能仪表和 PC 机、工控机通信线的制作方法。

风光发电系统智能仪表设置与通信线

任务要求

通过本任务完成风光发电系统智能仪表设置与通信线制作，具体任务如下。

（1）ZS - 201B 小型模拟风光互补发电实训平台的数显仪表通信模块中直流电压表和直流电流表的通信参数设置。

（2）PLC 和触摸屏、PLC 和工控机的通信线制作。

（3）智能仪表和 PC 机、智能仪表和工控机通信线的制作。

任务实施

一、智能仪表设置（以一体化教学小型实训平台为例）

ZS - 201B 小型模拟风光互补发电实训平台的模块 3——数显仪表通信模块（见图 2 - 85），用来进行上位机力控组态软件的训练，共有直流电压表和直流电流表各 1 个，均采用标准的 Modbus - RTU 协议，通信采用 485 通信的 A 和 B 双线制。

1. 仪表电源接线

直流电压表和直流电流表均采用 220V 交流供电，模块 3 将两个仪表的 L、N 接到面板的 L、N，需要接到模块 1 电源模块的 L、N。此处只用来进行参数设置训练，所以以直流电压表为例进行讲解，直流电流表类似，直流电压表直接接电源模块的 12V 直流作为测试。

仪表共 4 个按键，第一个为 SET，用来设置参数和确认设置的参数；第二个左箭头用来切换数位，即四个数位直接切换；第三和第四个为下箭头和上箭头，分别用来减小和增加数值。

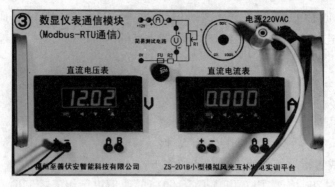

图 2-85　数显仪表通信模块

2. 一体化实训平台智能仪表参数设置

长按 SET 按键，显示 Code（输入密码）→按向上箭头，设置密码为 0001→按 SET 键→Ct（电流变比，默认为 10 不需要设置）→按 SET 键→Code（此时为 0001）→按 SET 键→AH（报警上限）→按 SET 键→AL（报警下限）→按 SET 键→Addr（设置地址：电压表设置为 2；电流表设置为 1；实际中根据要求设置）→按 SET 键→bAUd（设置波特率为 9600，单位为 bps）→按 SET 键→设置完成。

3. 国赛设备智能仪表参数设置

KNT-WP01 型综合实训系统光伏发电系统、风力发电系统、逆变和负载系统中各有 1 个电压表、1 个电流表，光伏发电系统和风力发电系统为直流电压表和直流电流表，逆变和负载系统为交流电压表和交流电流表，均采用 RS485 通信，通信协议均为标准的 Modbus-RTU 协议。这些仪表的设置和一体化教学实训平台的设置方法类似，如图 2-86 所示。

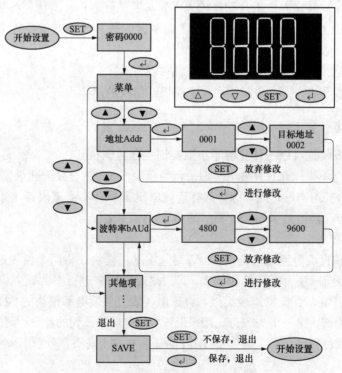

图 2-86　国赛设备智能仪表参数设置

6个仪表的参数可以根据需要或者任务书要求进行设置，国赛设备范例程序的对应仪表设置如表2-2所示（项目四中综合训练也是用到这个设置）。

表2-2　　　　　　　　　　　　　　国赛设备仪表参数设置表

序号	仪表	通信方式	波特率	校验	设备地址
1	光伏电流表	485通信	9600bps	偶校验	1
2	光伏电压表	485通信	9600bps	偶校验	2
3	风力电流表	485通信	9600bps	偶校验	3
4	风力电压表	485通信	9600bps	偶校验	4
5	逆变电流表	485通信	9600bps	偶校验	5
6	逆变电压表	485通信	9600bps	偶校验	6

通过上述讲解可以知道，不管哪种智能仪表，主要是要根据仪表说明对相关参数（特别是通信的参数）进行设置，才能通过上位机对仪表进行数据采集。

二、通信线制作

1. 通信端口定义

（1）触摸屏的通信端口定义。MCGS触摸屏TPC7062TX的通信端口为DB-9针端口（针），共有485和232通信端口各1个，COM1为RS232，COM2为RS485，其中，COM1为2-RXD、3-TXD、5-GND，COM2为7-A、8-B。如图2-87所示为触摸屏TPC7062TX通信端口定义。

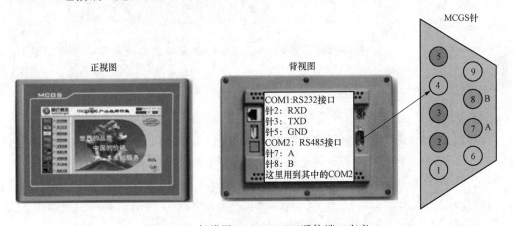

图2-87　触摸屏TPC7062TX通信端口定义

（2）工控机的通信端口定义。工控机采用励新泓科工控一体机，型号为LX15FC-G，共有6个通信口COM1~COM3为RS485，COM4~COM6为RS232，均为DB-9针端口（针）。其中COM1~COM5在背面，COM6在底面。具体端口定义：COM1~COM3为8-A、7-B；COM4~COM6为2-TXD、3-RXD、5-GND。如图2-88所示为工控机LX15FC-G通信端口定义。

（3）PLC的通信端口定义。PLC采用西门子公司S7-200 CPU226（见图2-89），共有两个一模一样的RS485通信端口，均为DB-9针端口（孔）。具体端口定义为3-A、8-B。

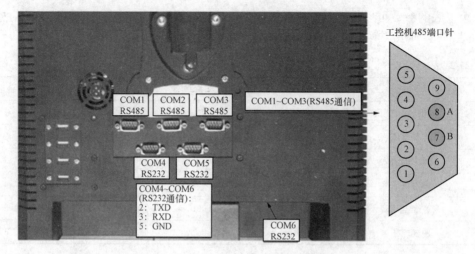

图 2 - 88　工控机 LX15FC - G 通信端口定义

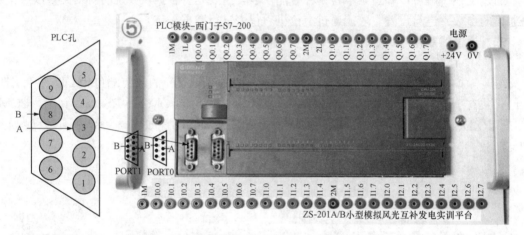

图 2 - 89　西门子 S7 - 200 CPU226 通信端口定义

2. 通信线制作

（1）PLC 与触摸屏、工控机通信线制作。光伏发电系统、风力发电系统的组态控制需要制作 PLC 和 MCGS、PLC 和工控机的通信线，方能实现 MCGS 组态和力控组态的正确通信。

利用双芯屏蔽线正确焊接西门子 PLC 和上位机（工控机、触摸屏）的通信口，它们之间的通信方式为 RS485 通信，连接示意图如图 2 - 90 所示，连接的引脚对应表如表 2 - 3 所示，工控机和 PLC 通信线连接示意图如图 2 - 91 所示。

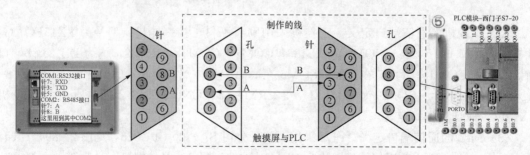

图 2 - 90　触摸屏和 PLC 通信线连接示意图

表 2 - 3　　　　　　　　西门子 S7 - 200 与触摸屏和工控机通信引脚对应表

485 通信 端口功能	下位机	上位机	
	西门子 PLC S7 - 200 CPU226	MCGS 触摸屏 TPC7062TX	工控机 LX15FC - G
A	3	7	8
B	8	8	7

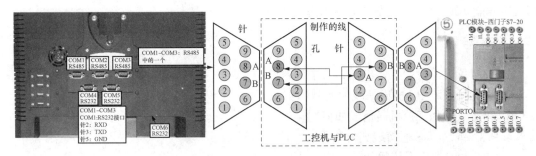

图 2 - 91　工控机和 PLC 通信线连接示意图

（2）智能仪表与 PC 机、工控机通信线制作。为了实现 PC 机或者工控机这两个上位机对智能仪表的数据采集，在上位机上设计的力控组态软件能够运行，必须制作智能仪表和 PC 机或者工控机的通信线，如图 2 - 92 和图 2 - 93 所示。

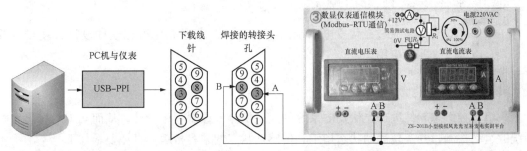

图 2 - 92　智能仪表和 PC 机通信线连接示意图

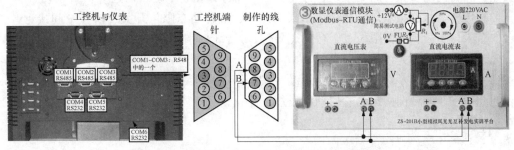

图 2 - 93　智能仪表和工控机通信线连接示意图

PC 机通过 USB - PPI 下载线与智能仪表通信，所以需要将 USB - PPI 的 DB - 9 一侧（针），通过一个 DB - 9 头（孔），转接到智能仪表的 A 和 B。

工控机的 COM1～COM3 直接就是 RS485 通信口（针），所以需要通过一个 DB - 9 头（孔），转接到智能仪表的 A 和 B。

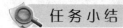 任务小结

智能仪表的设置主要是通信的地址、波特率、奇偶校验等参数设置，这是完成通信的最关键因素。

智能仪表和 PC 机、工控机需要在硬件上制作正确的通信线，方能进行通信。

光伏发电系统、风力发电系统的组态控制需要制作 PLC 和 MCGS、PLC 和工控机的通信线，方能实现 MCGS 组态和力控组态的正确通信。

任务自测

1. 智能仪表的设置主要包括哪几个参数？
2. 智能仪表和 PC 机通信线如何制作？
3. 智能仪表和工控机通信线如何制作？
4. PLC 和 MCGS 通信线如何制作？
5. PLC 和工控机通信线如何制作？

任务八　光伏发电系统力控组态设计与调试

光伏发电力控
组态设计与调试

任务目标

通过光伏发电系统的组态设计，掌握力控组态软件设计开发步骤及实际应用。

任务要求

采用力控组态软件进行光伏发电系统的上位机测量控制程序设计，从而实现对光伏发电系统的运动控制，并实现运动状态指示和传感器状态的采集指示，具体要求如下。

（1）控制按钮：摆杆东西按钮、摆杆西东按钮、云台向东按钮、云台向西按钮、云台向北按钮、云台向南按钮、启动按钮、停止按钮、急停按钮、手动自动选择。

（2）传感器状态指示灯：摆杆东西限位开关、摆杆西东限位开关、摆杆中间接近开关、云台向东限位、云台向西限位、云台向北限位、云台向南限位、光线传感器东、光线传感器西、光线传感器北、光线传感器南。

（3）运动状态指示灯：摆杆东西运动、摆杆西东运动、云台向东运动、云台向西运动、云台向北运动、云台向南运动、启动指示灯、停止指示灯。

任务实施

光伏发电系统力控组态设计步骤大致分成以下几个步骤：新建工程→添加并设置设备→添加变量→界面设计→变量关联。下面就设计步骤进行详细讲解。

PCAuto.exe

1. 新建工程

本教材以 Forcecontrol6.1 版本为例，其他版本类似，请详细参考相关书籍。双击右侧力控组态软件图标，打开力控组态软件。

　　打开软件后，单击左侧的菜单的"新建"图标，如图 2-94 所示，弹出"新建工程"对话框，选择保存路径，然后输入工程名称（力控组态软件所设计的工程为文件夹形式，输入的工程即文件夹名称），单击"确定"进行工程保存。完成创建，点击"开发"进入开发界面。

图 2-94　新建工程

2. 添加并设置设备

　　单击"IO 设备组态"进行设备的添加，创建 IO 设备组态就是设定上位机要与什么设备进行通信，这里和西门子 PLC（S7-200 CPU226）进行通信，因此选择"PLC"→SIEMENS（西门子）→S7-200（PPI），如图 2-95 所示。

图 2-95　添加设备

　　双击 S7-200（PPI）后，如图 2-96 所示，输入设备名称 PLC1（国赛共有光伏和风力两个 PLC，假设分别命名成 PLC1 和 PLC2），PLC 地址默认为 2（如果有进行修改则以实际为准）。

　　单击下一步进行通信参数设置（见图 2-96）。

　　（1）串口：这里力控软件运行在 PC 机上，因此采用 USB-PPI 和 PLC 连接，所以选择

COM3 进行调试（COM3 通过右击"我的电脑"→"属性"→"设备管理器"进行查看端口号），实际在工控机运行时，根据要求选择 COM1～COM3 中的一个。

（2）波特率设置：9600bps。

（3）奇偶校验方式：偶校验。

（4）数据格式：数据位 8 位，停止位 1 位。

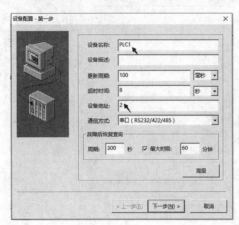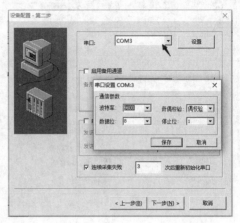

图 2-96　通信参数设置

设置完如图 2-97 所示，PLC2 为下个项目的风力发电系统的 PLC。

名称	描述	设备冗余	类型	厂家	型号
➡PLC1		否	PLC	Siemens(西门…	S7-200(ppi)
➡PLC2		否	PLC	Siemens(西门…	S7-200(ppi)

图 2-97　添加设备完成界面

3. 添加变量

添加变量（新建数据库组态）就是添加所设计的组态控制界面上每个控件对应 PLC 内部的软元件。

双击"数据库组态"，进入数据库组态界面如图 2-98 所示，右键单击"数字 I/O 口"，输入点名和点说明，这里以旋转开关为例，由于要和后面的风力发电系统区分，所以 M0.0 命名为 M100，风力的就命名成 M200；光伏其余的比如 Ma.b 就命名成 M1ab，便于识别。

图 2-98　数据库组态界面

命名完单击"数据连接"，然后单击增加，设置成对应的 PLC 内部元件，如图 2 - 99 所示。

图 2 - 99　设置对应的 PLC 内部元件

不同的变量关联 PLC 内部不同内存区，如图 2 - 100（a）所示，如果要设置成 M0.7 则如图 2 - 100（b）所示选择偏移，力控中不像 MCGS 可以批量添加，只能一个个添加变量。

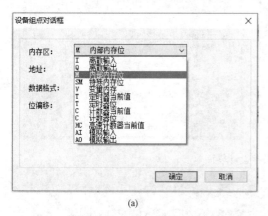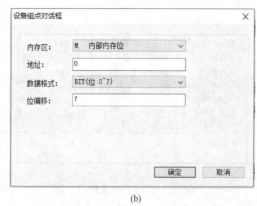

(a)　　　　　　　　　　　　　(b)

图 2 - 100　关联 PLC 内部元件
（a）关联内存区；（b）设置偏移

光伏发电系统添加的所有变量和 MCGS 组态设计的变量类似，包括 M、I 和 Q，具体如图 2 - 101 所示，单击保存，然后关闭"数据库组态"设置界面。

4. 界面设计

右键单击左侧"窗口"单击"新建窗口"，命名为"光伏发电系统界面"（如图 2 - 102）。

单击"确认"，出现空白的设计界面，然后按 Ctrl＋S 对空白界面进行保存，出现图 2 - 102 所示对话框，直接点击"保存"。（注意：不要选择其他路径，工程路径新建工程已经指定，这里已存在于新建工程指定文件夹下的 doc 子文件夹里，如果改路径会出现保存后，"窗口"下没有对应的新建界面。）

新建界面后单击菜单栏上的工具箱和图库，分别如图 2 - 103①、②所示。

打开工具箱为基本图元（如普通按钮、文本……）和常见组件（如趋势曲线显示、历史报表、专家报表……），如图 2 - 104 所示。

NAME [点名]	DESC [说明]	%IOLINK [I/O连接]
M100	旋转开关	PV=PLC1:M 内部内存位|0|BIT|0
M101	启动按钮	PV=PLC1:M 内部内存位|0|BIT|1
M102	急停按钮	PV=PLC1:M 内部内存位|0|BIT|2
M103	向东按钮	PV=PLC1:M 内部内存位|0|BIT|3
M104	向西按钮	PV=PLC1:M 内部内存位|0|BIT|4
M105	向北按钮	PV=PLC1:M 内部内存位|0|BIT|5
M106	向南按钮	PV=PLC1:M 内部内存位|0|BIT|6
M107	灯1按钮	PV=PLC1:M 内部内存位|0|BIT|7
M110	灯2按钮	PV=PLC1:M 内部内存位|1|BIT|0
M111	东西按钮	PV=PLC1:M 内部内存位|1|BIT|1
M112	西东按钮	PV=PLC1:M 内部内存位|1|BIT|2
M113	停止按钮	PV=PLC1:M 内部内存位|1|BIT|3

NAME	DESC	%IOLINK
M30	东限位	PV=PLC1:M 内部内存位|3|BIT|0
M31	西限位	PV=PLC1:M 内部内存位|3|BIT|1
I120	北限位	PV=PLC1:I 离散输入|2|BIT|0
I121	南限位	PV=PLC1:I 离散输入|2|BIT|1
I126	东西限位	PV=PLC1:I 离散输入|2|BIT|6
I127	西东限位	PV=PLC1:I 离散输入|2|BIT|7

NAME	DESC	%IOLINK
Q100	启动指示灯	PV=PLC1:Q 离散输出|0|BIT|0
Q101	向东指示灯	PV=PLC1:Q 离散输出|0|BIT|1
Q102	向西指示灯	PV=PLC1:Q 离散输出|0|BIT|2
Q103	向北指示灯	PV=PLC1:Q 离散输出|0|BIT|3
Q104	向南指示灯	PV=PLC1:Q 离散输出|0|BIT|4
Q105	灯1指示灯	PV=PLC1:Q 离散输出|0|BIT|5
Q106	灯2指示灯	PV=PLC1:Q 离散输出|0|BIT|6
Q107	东西指示灯	PV=PLC1:Q 离散输出|0|BIT|7
Q110	西东指示灯	PV=PLC1:Q 离散输出|1|BIT|0
Q111	停止指示灯	PV=PLC1:Q 离散输出|1|BIT|1

NAME	DESC	%IOLINK
I114	摆杆接近开关	PV=PLC1:I 离散输入|1|BIT|4
I122	东信号	PV=PLC1:I 离散输入|2|BIT|2
I123	西信号	PV=PLC1:I 离散输入|2|BIT|3
I124	北信号	PV=PLC1:I 离散输入|2|BIT|4
I125	南信号	PV=PLC1:I 离散输入|2|BIT|5

图 2-101　变量列表

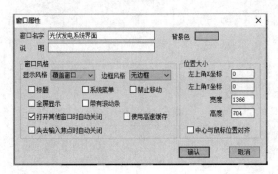 

图 2-102　保存设计界面

图 2-103　菜单栏

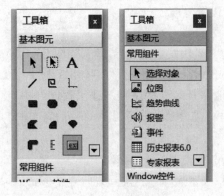

图 2-104　工具箱选项

图库可以放置更多的各类控件，各种运动控制按钮、指示灯和旋转开关分别在图库中的按钮、报警灯和开关等类别中查找，如图 2-105 所示。

设计好的光伏发电系统力控组态界面如图 2-106 所示。其中，运动指示灯是缩小后放在按钮上方，而不是按钮带指示灯的整体组件。

5. 关联变量

以旋转开关为例，双击旋转开关，出现对话框如图 2-107 所示，单击变量名右侧的"…"，弹出右侧的变量列表，选择 M100，如图 2-108 所示。同时可

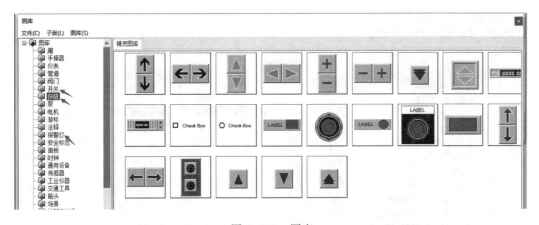

图 2 - 105 图库

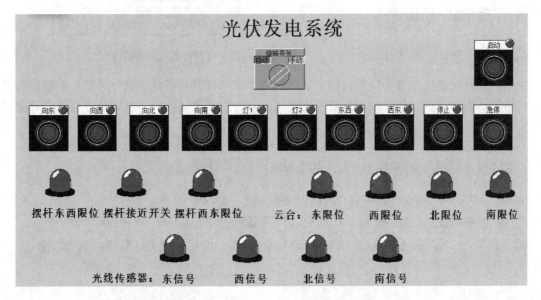

图 2 - 106 光伏发电系统力控组态界面

以选择变量值为 ON 和 OFF 时候的颜色。对其他组件也一一进行关联。

图 2 - 107 开关向导对话框

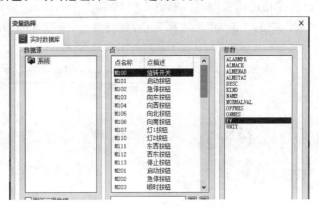

图 2 - 108 变量列表对话框

在完成变量关联后，单击"系统配置"，如图 2-109 所示，设置"初始启动窗口"，增加后确定，如图 2-110 所示。

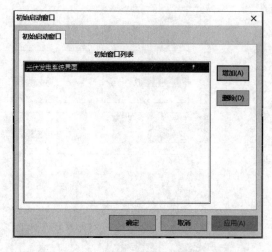

图 2-109　系统设置　　　　　　　　图 2-110　初始启动窗口

如果没有设置初始启动窗口，则启动时候为空白窗口。在多界面设计时候，一般也会进行初始启动窗口设置，将登录界面或者主界面设置为初始启动窗口，然后通过菜单或者按钮切换到其他子界面。

6. 运行调试

完成设计后，单击图 2-111 所示的运行图标可以进行运行。

图 2-111　工具栏运行图标

当程序有修改，特别是设备地址、通信参数、变量等修改后，再次运行调试时候，需要双击如图 2-112 所示电脑桌面右下方标题栏中的①、②两个箭头所指图标，分别弹出对应 I/O 监控和进程管理器（如图 2-113 和图 2-114）。分别单击界面中左上角菜单"文件"和"监控"中的"退出"，才算真正退出运行。进程管理器退出才结束力控运行的进程。

图 2-112　程序图标　　　　　　图 2-113　I/O 监控　　　　　　图 2-114　进程管理器

这里顺带说明 I/O 监控器在调试中的用途为 I/O 监控器显示设备（这里是光伏 PLC）通信是否正常（绿色表示建立通信，红色表示未建立通信）。

PLC 和 PC 机进行力控组态调试时，由于采用了 USB - PPI，只有一条下载线，所以不能进行在线监控，而且每次组态调试完需要退出 I/O 监控和进程管理器，才能下载 PLC。解决办法是可以用两条 USB - PPI，一条用来 PC 机和 PLC 通信，另一条用来 STEP7 编程软件与 PLC 的程序下载和在线监控。

PLC 和工控机通信由于采用制作的通信线连接 PLC 和工控机的 485 通信口，所以电脑可以通过 USB - PPI 通信线在 STEP7 实现程序下载和在线监控。

任务小结

采用力控进行光伏发电系统组态设计的步骤有 6 步：①新建工程；②添加设备并设置通信参数；③添加变量；④界面设计；⑤关联变量；⑥运行调试。

力控修改后在重新运行前需要先退出 I/O 监控和进程管理器。

任务自测

1. 力控与西门子 PLC 通信的参数在力控组态设计时如何设置？

2. 西门子 S7 - 200 系列 PLC 和工控机通信进行组态控制时，能否同时实现 PLC 下载和在线监控？如何实现？

3. I/O 监控和进程管理器各有什么用途？

任务九　光伏电池板功率曲线手动测试与绘图

任务目标

任务一～任务八主要学习光伏发电系统的控制技术，学习了光伏发电逐日系统的 PLC 手动/自动控制程序设计与调试，组态（MCGS 和力控）设计与调试；任务九和任务十将学习光伏电池板的重要参数及其测试。

光伏电池板功率曲线手动测试与绘图

本任务的目标是掌握光伏功率曲线的手动测试与绘图，并了解光伏电池板的主要参数：开路电压、短路电流、最大输出功率、填充因子、转换效率等，以及这些主要参数受到温度、光照度等影响的特性规律。

任务要求

请搭建光伏功率曲线测试的硬件系统，模拟太阳在正午位置，打开灯 1 和灯 2，并完成光伏功率曲线测试。

（1）测试数据记录：手动测试光伏电池板功率曲线，并记录到表 2 - 4；

表 2 - 4　　　　　　　　　　　光伏电池组件的功率特性测试表

序号	电阻/Ω	电流 I_{sc1}/mA	电压 U_{oc1}/V	功率 P_1/mW
1				

续表

序号	电阻/Ω	电流 I_{sc1}/mA	电压 U_{oc1}/V	功率 P_1/mW
2				
3				
4				
5				
6				
7				
8				
9				
10				
11				

（2）功率曲线绘制：记录完成后请绘制到如图 2-115 所示的功率曲线坐标图中。

图 2-115　光伏电池板功率曲线

任务实施

一、光伏功率曲线测试的硬件系统搭建

光伏电池板特性曲线测试接线如图 2-116 所示，电压表和电池板正负极并联，必须和电阻串联并注意正负极（电流表不可并联，否则烧坏）。

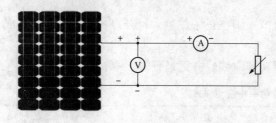

图 2-116　光伏电池板特性曲线测试接线图

本任务的硬件在国赛设备 KNT - WP01 型综合实训系统和省赛设备 ZS - 201A 风光互补发电创新实训平台都可以实现，接线原理如图 2-116 所示。

国赛设备通过 PLC 手动控制调节摆杆位置和灯 1、灯 2 亮灭，通过继电器右侧的可调电阻负载调节电压电流变化实现测量。本节以国赛设备进行测试。

省赛设备的太阳能电池板功率特性曲线测试需要用到"地面光伏发电站模块"（图1-20中A）、"数显仪表单元"（图1-19中F）和"模拟电源/负载/整流模块"（图1-20中⑩）（用其中的可调电阻负载）。省赛设备手工调节地面光伏发电站模块的光伏电池板正对"太阳"，"太阳"光强通过模块旁边的旋钮调节亮度；用"模拟电源/负载/整流模块"中的可调电阻负载来调节电压电流变化实现测量。

二、光伏功率曲线测试手动测试记录

本任务可以根据测试中的表格数据，通过手工调节负载电阻，让电压均匀分布（在靠近峰值附近可以密集取值），比如0、3、6、9、12、13、15、17、18V…，当到达最大功率点附近后，不是主要观察电压变化，因为此时电压变化不明显，而是电流急剧降低，此时主要看剩下几个测试点，可调负载电阻按剩下阻值大致快速调节（比如，过了最大功率18V附近，还剩下4个测试点，电阻还有500Ω，则每次调节125Ω）。

人工读取电流、电压表电压值，并计算功率值，绘制 P-U 特性曲线。数据记录应保留相同有效数字位。

不同测试条件下，最大功率点时电压不一样，所以可以在正式测试前，手动调节可调电阻负载，大概了解一下数值。

另外，可以通过力控组态软件设计监控界面，实现对电流、电压测量并在组态上自动实现功率计算并显示出来，省去计算，这种自动测试绘制将在下一个任务中介绍。

表2-5　　　　　　　　　光伏电池组件的输出特性测试表

序号	电阻/Ω	电流/mA	电压/V	功率/mW
1		0	0	0
2		365	2.88	1051
3		356	6.64	2364
4		350	8.80	3080
5		338	11.93	4032
6		325	14.47	4703
7		291	16.69	4857
8		255	17.29	4409
9		121	18.10	2190
10		94	18.20	1711
11		61	18.33	1118

特性曲线绘制，根据测试数据手工绘制光伏电池组件的输出特性曲线。

考核要点：单位不能错误，最好每个点在图上标出后再画线；曲线趋势大致如图2-117所示，不需要经过每个测试点，而是绘制出平滑的功率曲线，有些测试数据可能偏离曲线一点。

三、光伏电池板主要参数介绍

1. 开路电压 U_{OC}

定义：光伏电池板开路时其两端的电压称为光伏电池板开路电压 U_{OC}。

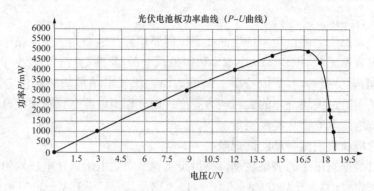

图 2-117　光伏电池板功率曲线

测量：将光伏电池组件输出负载开路时，安置在特定的光照强度和环境温度下，用万用表直流挡的合适量程可以测量光伏电池的开路电压。室外自然光环境下测量的开路电压比较接近实际值。

特性规律：（U_{OC} 与光伏电池组件的面积、温度以及光照度的关系。）

（1）光伏电池的开路电压与面积大小无关；

（2）温度升高，开路电压下降，一般来讲每升高 1℃，开路电压降低 2~5mV；

（3）开路电压与入射光照度的对数成正比。

2. 短路电流 I_{SC}

定义：将太阳能电池置于标准光源的照射下，在输出端短路时，流过太阳能电池两端的电流称为光伏电池板短路电流 I_{SC}。

测量：将光伏电池组件输出负载短路时，安置在特定的光照强度和环境温度下，用万用表直流挡的合适量程可以测量光伏电池的短路电流。

特性规律：（I_{sc} 与光伏电池组件的面积、温度以及光照度的关系。）

（1）光伏电池组件 PN 结面积越大，短路电流越大；

（2）温度升高，短路电流略有上升，一般来讲每升高 1℃，短路电流上升 78μA；

（3）短路电流与入射光照度成正比。

串并联对 U_{OC} 和 I_{SC} 影响：型号和参数相同的两块光伏电池组件的串联、并联的开路电压值和短路电流值与单块光伏电池组件开路电压值和短路电流值之间的关系如下。

（1）并联开路电压与单块开路电压相近，并联短路电流约为单块短路电流的 2 倍。

（2）串联开路电压约为单块开路电压的 2 倍，串联短路电流与单块短路电流相近。

3. 最大输出功率

定义：光伏电池板的工作电压和电流是随负载电阻而变化的，将不同阻值所对应的工作电压和电流值做成曲线就得到伏安特性曲线（I-U 曲线），计算得到功率（$P=UI$）和电压绘制的曲线称为功率曲线（P-U 曲线）；如果选择的负载电阻值使电压电流乘积最大，即 P 最大（P_m），此时的工作电压和工作电流称为最佳工作电压和最佳工作电流，分别用符号 U_m 和 I_m 表示则有，

$$P_m = U_m I_m$$

最大输出功率点如图 2-118 所示。

测量：在前面的实际操作中做过，不同测试条件下的测试结果不同。

特性规律：I-U 和 P-U 曲线和光照度、温度的关系。

（1）温度一定时，不同光照强度下的 I-U 和 P-U 曲线，光照度①＞②＞③，如图 2-119 所示。

从图 2-119 中可以看到规律：温度一定时，光照度越大，P_m 越大。

（2）光照强度一定时，不同温度下的 I-U 和 P-U 曲线，温度①＜②＜③，如图 2-120 所示。

从图 2-120 中可以看到规律：光照度一定时候，温度越高，P_m 越小，U_m 越小，I_m 越大。

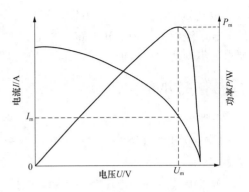

图 2-118　最大输出功率点示意图

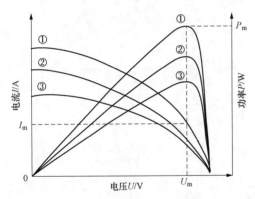

图 2-119　不同光照强度下的 I-U 和 P-U 曲线

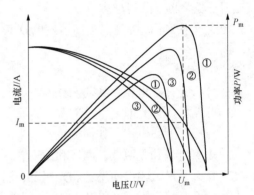

图 2-120　不同温度下的 I-U 和 P-U 曲线

4. 填充因子 FF

定义：最大输出功率时的电流和电压的乘积与短路电流和开路电压乘积的比值称为填充因子，计算为：

$$FF = \frac{I_m U_m}{U_{OC} I_{SC}} = \frac{P_m}{U_{OC} I_{SC}} \tag{2-1}$$

测量：在以上测量得到 U_{OC}、I_{SC}、P_m 的基础上通过式（2-1）计算得到。

特性规律：填充因子 FF 是衡量太阳能电池板输出特性的重要指标，是代表电池在带最佳负载时，能输出的最大功率的特性，其值越大表示电池的输出功率越大，FF 的值始终小于 1。由于受串联电阻和并联电阻的影响，实际太阳能光伏电池填充因子的值要低于式（2-1）所给出的理想值。

（1）串联电阻越大，短路电流下降越多，填充因子也随之减少得越多。

（2）并联电阻越小，这部分电流就越大，开路电压就下降得越多，填充因子随之也下降得越多。

5. 转换效率 η

定义：光伏电池最大输出功率 P_m 与照射到光伏电池的辐射能 P_{in} 之比，计算为

$$\eta = \frac{P_m}{P_{in}} \times 100\%$$

截至 2018 年，工信部下发最新版《光伏制造行业规范条件》要求，多晶硅电池组件和单晶硅电池组件的最低光电转换效率分别不低于 16％和 16.8％。随着工艺的不断提升，光伏电池组件成本降低的同时，转换效率也在不断提升，大大提高了发电效率。

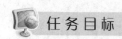 **任务小结**

开路电压 U_{OC}、短路电流 I_{SC} 与入射光照度成正比。

光伏电池的开路电压与面积大小无关；光伏电池组件 PN 结面积越大，短路电流越大。

温度升高，开路电压略微下降，短路电流略微上升。

填充因子 FF 受串联电阻和并联电阻的影响：①串联电阻越大，短路电流下降越多，填充因子也随之减少得越多；②并联电阻越小，这部分电流就越大，开路电压就下降得越多，填充因子随之也下降得越多。

转换效率 η 不断提升，提高了发电效率。

任务自测

1. 什么是开路电压？如何测试？
2. 开路电压和光照度、温度及面积有什么关系？
3. 什么是短路电流？如何测试？
4. 短路电流和光照度、温度和面积有什么关系？
5. 什么是最大输出功率？和光照度、温度有什么关系？
6. 什么是填充因子？和串联电阻、并联电阻有什么关系？
7. 什么是转换效率？

任务十　光伏功率曲线自动测试设计与调试

任务目标

任务九进行了光伏功率曲线手动测试，本任务通过力控软件设计，进行光伏功率曲线自动测试和绘图，掌握通过力控采集模拟量，并能在数码管显示，会编写按键脚本，实现数值在曲线显示界面显示并自动生成完整曲线。

光伏功率曲线自动
测试设计与调试

任务要求

通过力控组态设计，自动计算光伏输出功率，并自动绘制 $P\text{-}U$ 曲线，具体如下。

（1）通过力控采集光伏发电电压和光伏发电电流，当可调电阻负载调节时，力控数码管显示实时电压值和实时电流值，并通过计算显示实时功率值。

（2）通过按键编写脚本，当按下采集按钮时，显示本次采集值，然后在曲线显示界面上绘制本次采集值，当采集次数完成，显示完整的光伏功率曲线。

（3）按清除可以清除整个功率曲线，从而进行下一次测试。

本任务采用国赛综合实训系统，已知光伏电流表和光伏电压表采用工控机的 COM3，仪表的地址分别是 1、2。COM1 和 COM2 分别是光伏 PLC 和风力 PLC，COM3 接 6 个仪表，地址 1、2 是光伏直流电流表和直流电压表，地址 3、4 是风力直流电流表和直流电压表，地址 5、6 是逆变系统交流电流表和交流电压表。

任务实施

1. 新建工程（略）

2. 添加并设置设备

添加光伏电流表 SI 和光伏电压表 SV 两个，如图 2-121 所示，采用标准的 MODBUS-RTU 协议，设备地址分别设置为 1、2；串口都是用 COM3 的 485 通信口；波特率为 9600bps；数据位为 8；停止位为 1；校验设置为无校验。

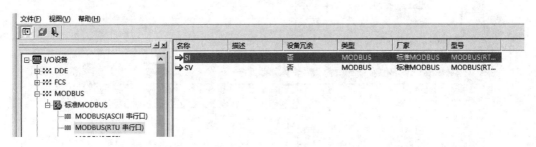

图 2-121　添加设置

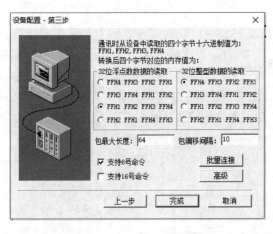

图 2-122　设置配置对话框

设置完以上参数后，最后一步设置 MODBUS-RTU 仪表的模拟量数据传输格式，6 个仪表均采用 32 位浮点型，共 4 个字节，选择格式如图 2-122 中的 FFH1 FFH2 FFH3 FFH4，表示低位在前，高位在后。如果该项选择错误，则显示数值会出错。所有采用 MODBUS-RTU 协议的仪表均需要通过说明书知道厂家仪表中模拟量数据的传输格式。所以国赛设备中 6 个智能仪表共用一个 485 通信口，几个仪表的所有参数除了地址必须不同，其余通信参数必须一致，否则有些仪表会无法建立通信或者数据读取错误。

3. 添加变量

添加变量共 8 个，如图 2-123 所示。其中模拟 I/O 点 4 个（即电压、电流的瞬时值和采集值）、数字 I/O 点 2 个（对应采集和清除两个按钮）、运算点 2 个（用于计算功率的瞬时值和采集值）。

其中 SV 和 SI 需要关联电压表和电流表，其余均不需要关联仪表。下面以 SV 为例讲解如何关联：①数据连接设置，单击"数据连接"，设备选择光伏电压表 SV（注意：设备中的 SV 是光伏电压表，模拟 I/O 点的 SV 是用于存放采集电压值的变量），单击"连接项"右侧

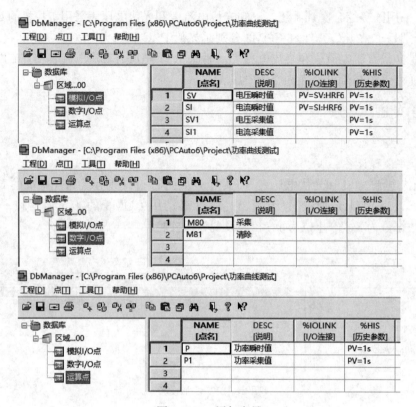

图 2-123 添加变量

的增加，设置如图 2-124 所示，其中，03 号功能码表示读取模拟量，偏置表示所要读取的数据在电压表中的内存区地址是 0005H（设定值减 1），数据格式为 32 位浮点型，字节前后顺序在前面已完成设置（低字节在前，高字节在后），功能码、数据地址和格式根据厂家说明书设定；②历史参数设置（见图 2-125），设置数据每隔 1s 定时保存，单击"增加"，这里设置的目的是所采集的数据会定时（1s）更新，为采集或者后面的报表奠定基础。

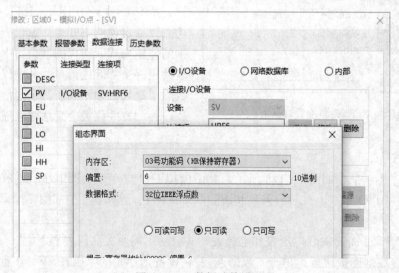

图 2-124 数据连接设置

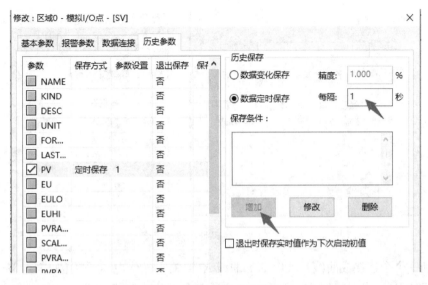

图 2 - 125 历史参数设置

4. 界面设计

设计界面如图 2 - 126 所示。其中数码管在"图库"的"仪表"中；实时 XY 曲线在"工具箱"→"常用组件"→"X - Y 曲线"。

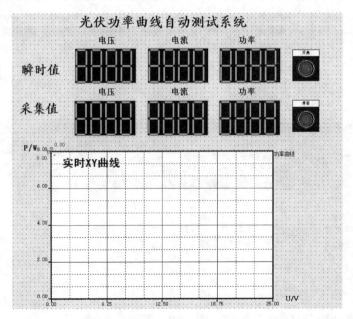

图 2 - 126 界面设计

5. 关联变量

将数码管和按钮关联相关的变量，上面变量命名很清晰地表达了相关功能，直接对 6 个数码管和 2 个按键进行关联。数码管的设置和按键的设置参考图 2 - 127。

这里讲解一下实时 XY 曲线的设置，这里实时 XY 曲线用来单击采集时，在曲线上实时显示一个个采集点，每单击 1 次采集，就会在曲线上对应显示 P - U 数据点，采集过程中，

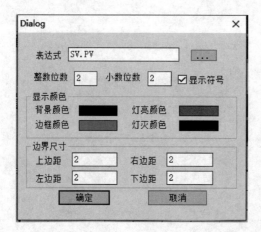

图 2-127　数码管和按键设置

数据点自动一个个连接成曲线。实时 XY 曲线 X 轴关联光伏电压采集值 $SV1$，Y 轴关联光伏功率采集值 $P1$，设置如图 2-128 所示，单击增加，完成曲线设置。

图 2-128　实时 XY 曲线设置

另外：运算点 P 和 $P1$ 是用来计算功率瞬时值和采集值，分别是 $P=SV*SI$；$P1=SV1*SI1$，双击 P，如图 2-129 所示。

单击"基本参数"选项卡，"运算操作符"选择"乘法"，运算点可以实现采集数据的自动加、减、乘、除、乘方、求余等算术运算，以及大于、等于、小于、大于等于、小于等关系运算。

单击"数据连接"选项卡（见图 2-130），单击 P1，然后在右下角"连接内部"→"点"→"…"→选择 SV，单击 P2，然后在右下角"连接内部"→"点"→"…"→选择 SI，最后点击"历史参数"选项卡，设置数据定时保存 1s，单击"增加"。P1 设置类似。

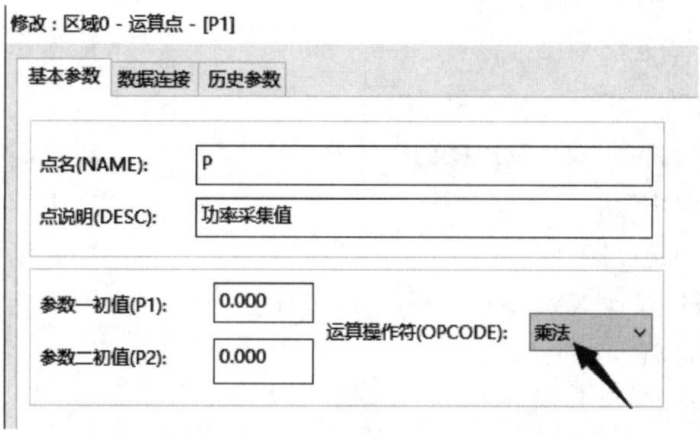

图 2-129　运算点设置

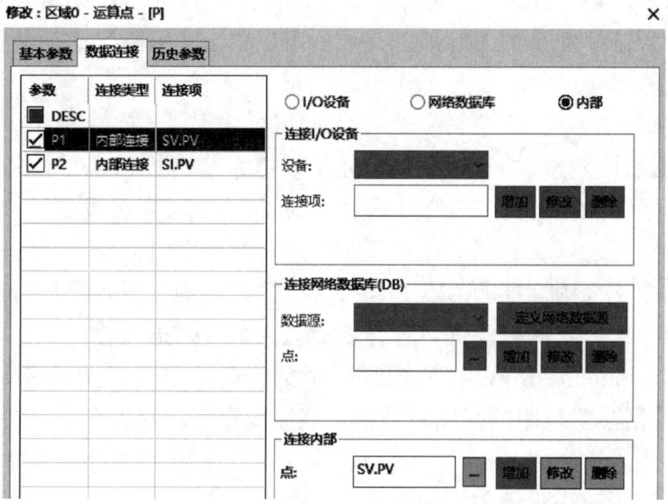

图 2-130　设置数据连接

6. 脚本编写

这里要实现按下"采集"按钮时，能够进行数据采集，需要编写脚本，这是力控功能的提升部分。采集按钮和清除按钮分别关联 M80 和 M81，按 1 松 0。

单击菜单"特殊功能"→"动作"→"窗口"，出现如图 2-131 所示的脚本编辑器，由于采集必须是运行期间一直进行的，所以选择"窗口运行时周期执行"（周期在右上角设置为 1000ms，即 1s），编写脚本如图 2-131 所示。

图 2-131　脚本编辑器

脚本程序解释如下：

IF M80. PV==1　　　　　　　　　　　　//如果采集按钮按下 M80=1，执行下一行程序
THEN SV1. PV=SV. PV；
SI1. PV=SI. PV；P1. PV=P. PV　　　　//将瞬时值赋给采集值
ENDIF　　　　　　　　　　　　　　　//本 IF 结构结束，每个 IF 必须对应一个 ENDIF
IF M81. PV==1　　　　　　　　　　　　//如果清除按钮按下 M81=1，执行下一行程序
THEN ♯XYCurve. DeleteHisData（0）；//清除 X-Y 曲线所有数据和曲线
ENDIF

7. 运行调试

单击运行进行光伏功率曲线测试，可调电阻负载调节规律和手动类似，每个数据点调节到位后，在力控组态软件上单击"采集"，然后瞬时值会直接更新到采集值，即本次采集的数据，并绘制到 X-Y 实时曲线，采集完成后可以截图作为自动计算和绘制的功率曲线，省去人工计算功率和人工手动绘图的麻烦。完成后可以单击"清除"进行清除。

任务小结

本任务的力控设计涉及模拟量，和前面光伏发电系统力控组态设计的全部开关量不同，同时本任务多了模拟量相关的数码管显示、实时曲线、运算点设置、脚本程序编写等新知识。

本任务的仪表全部采用标准的 Modbus-RTU 协议，因此设备添加时除了设备地址、波特率、数据位、停止位、奇偶校验等，还需要设置模拟量数据传输格式。

模拟量变量与 Modbus-RTU 仪表内部数据关联时，需要指定功能码（读取模拟量为 03H），所要读取数据在仪表中的存储首地址，然后设定好定时保存，以更新变量数据。

运算点可以实现采集数据的自动加、减、乘、除、乘方、求余等算术运算，以及大于、等于、小于、大于等于、小于等关系运算。

本任务采用脚本任务完成采集时采集数据的更新（瞬时值赋值给采集值）以及采集后曲线数据的清除。

任务自测

1. 光伏功率曲线自动测试的力控设计中，设备添加时如何设置参数？
2. 光伏功率曲线模拟量如何与仪表内部数据进行关联，以电压表为例进行说明。
3. 简述本任务中 X-Y 实时曲线的作用，并简述如何使用。
4. 简述本任务中计算点的用途，并简述如何使用。
5. 简述本任务中脚本程序的用途，并简述如何编写。

项目三　风力发电系统设计与调试

项目引言

本项目主要进行风力发电系统的设计与调试，首先绘制风力发电系统的电气控制图，进行硬件接线，根据控制要求进行风力发电系统的手动和自动控制 PLC 程序设计与调试，MCGS 和力控两种组态软件设计与调试，最后介绍了变频器控制的基本知识，并进行风场电机变频器手动/自动调速控制的设计与调试。

同时，本项目对实际风力发电机中的变桨和偏航系统进行了介绍，绘制了变桨偏航控制系统的电气控制图，进行硬件接线，并进行了 PLC 控制程序和组态软件设计与调试。

任务一　风力发电系统电气控制图绘制

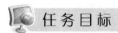

理解风力发电系统电气控制图包括风力发电系统主电路和风力发电系统控制电路的原理，并掌握采用中望 CAD 进行绘制，为下一任务的硬件接线和软件设计调试奠定基础。

风力发电系统
电气控制图绘制

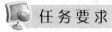

绘制风力发电系统的主电路和控制电路：风力发电系统 PLC 输入/输出（I/O）分配表如表 3-1 所示，根据分配表，绘制风力发电系统的主电路和控制电路。

表 3-1　　　　　　　　风力发电系统 PLC 输入/输出（I/O）分配表

序号	输入输出	配置	序号	输入输出	配置
1	I0.0	旋转开关自动挡	15	Q0.0	启动指示灯
2	I0.1	启动按钮	16	Q0.1	顺时指示灯
3	I0.2	急停按钮	17	Q0.2	逆时指示灯
4	I0.3	风场顺时按钮	18	Q0.3	尾翼侧风偏航指示灯
5	I0.4	风场逆时按钮	19	Q0.4	尾翼侧风恢复指示灯
6	I0.5	尾翼侧风偏航按钮	20	Q0.5	停止按钮指示灯
7	I0.6	尾翼侧风恢复按钮	21	Q0.6	继电器 KA9 线圈—顺时
8	I0.7	停止按钮	22	Q0.7	继电器 KA10 线圈—逆时
9	I1.0	风速检测信号	23	Q1.0	继电器 KA11 线圈—偏航
10	I1.1	尾翼侧风偏航初始 0°限位	24	Q1.1	继电器 KA12 线圈—恢复
11	I1.2	尾翼侧风偏航 45°接近开关	25	1M	0V
12	I1.3	尾翼侧风偏航 90°限位开关	26	2M	0V
13	I1.4	风场机构顺时限位开关	27	1L	+24V
14	I1.5	风场机构逆时限位开关	28	2L	+24V

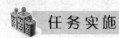 任务实施

一、绘制风力发电系统的主电路（一体化教学平台）

主电路包括风场电机顺时和逆时运动，风力发电机尾翼偏航和恢复运动。风力发电系统主电路图如图 3-1 所示。

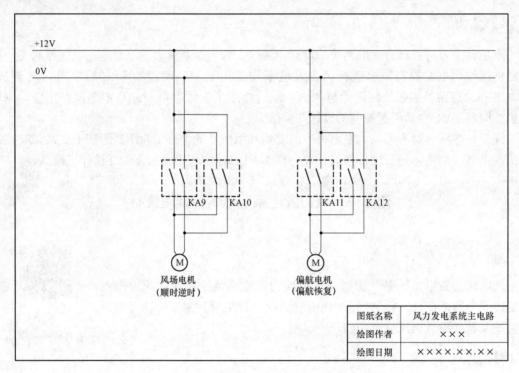

图 3-1　风力发电系统主电路（一体化教学平台）

二、绘制风力发电系统的控制电路（一体化教学平台和国赛设备通用）

风力发电系统的控制电路包括西门子 PLC 和各类控制按钮输入、各位限位开关传感器输入、指示灯输出、继电器线圈输出的 I/O 接线设计。风力发电系统的控制电路如图 3-2 所示。

三、国赛设备与一体化教学平台主电路和控制电路区别

图 3-2 为一体化教学小型实训平台，所有主电路负载电机均采用 12V 直流电机，因此采用 12VDC 供电，确保学生的实践安全。

国赛设备与一体化教学平台在主电路的区别为，在国赛设备上风场顺时与逆时运动为 220V 交流供电的交流电机，尾翼侧风偏航与恢复运动为 24V 直流供电的直流电机，因此国赛时需要对图 3-1 进行修改，如图 3-3 所示，其中 QF02 为增加的空气开关，风场电机顺时和逆时 L 为公共端，N 之间并联一个启动电容。

国赛设备与一体化教学平台在控制电路方面的区别为，一体化教学平台无法进行继电器的硬件互锁，国赛设备上可以进行硬件互锁，方法和光伏发电系统类似也有两种，以顺时逆时运动为例讲解：①将顺时运动继电器的动断触点 KM9 串联到控制电路逆时运动继电器的线圈 KM10 上；将逆时运动继电器的动断触点 KM10 串联到控制电路顺时运动继电器的线圈 KM9 上；②将顺时运动继电器 KM9 的双动断触点串联到主电路逆时运动双动合触点 KM10

上；逆时运动继电器 KM10 的双动断触点串联到主电路顺时运动双动合触点 KM9 上。

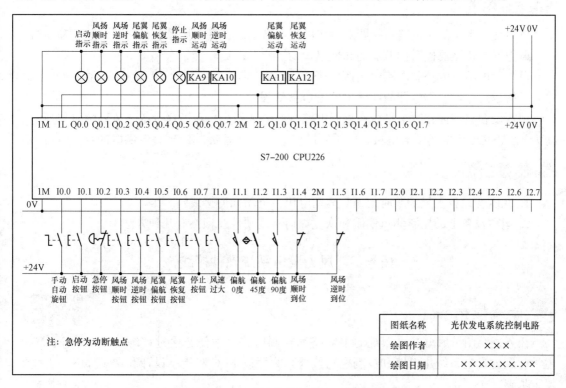

图 3 - 2　风力发电系统控制电路（一体化教学平台）

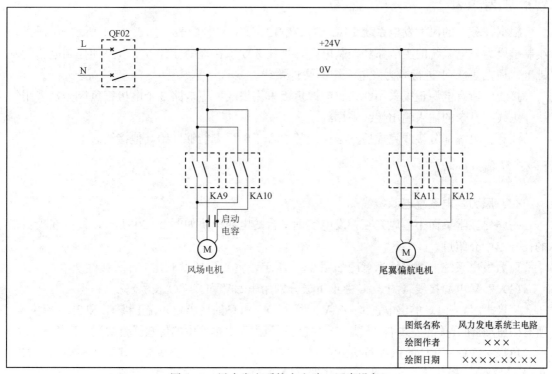

图 3 - 3　风力发电系统主电路（国赛设备）

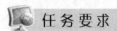

任务小结

风力发电系统的主电路包括两对电机的正反转电路设计：风场电机的顺时运动和逆时运动，风力发电机尾翼侧风偏航运动和恢复运动。

风力发电系统的控制电路包括西门子 PLC 和各类控制按钮输入、各位限位开关传感器输入、指示灯输出、继电器线圈输出的 I/O 接线设计。

国赛设备与一体化教学平台在控制电路方面的区别为，在国赛设备上风场顺时与逆时运动为 220V 交流供电的交流电机，尾翼侧风偏航与恢复运动为 24V 直流供电的直流电机。

任务自测

1. 在国赛设备上风场顺时与逆时运动电机主电路如何接线？
2. 国赛设备上的尾翼侧风偏航和恢复如何实现硬件互锁？有几种方法？

任务二　风力发电系统硬件接线

任务目标

任务一绘制了风力发电系统的主电路和控制电路，本任务通过训练使学生学会风力发电系统主电路和控制电路接线，为后续 PLC 和组态设计和调试奠定基础。

风力发电系统
硬件接线

任务要求

根据任务一的风力发电系统 PLC 输入/输出（I/O）分配表（如表 3-1 所示），任务一绘制了风力发电系统的主电路和控制电路，本任务要求在理解任务一主电路和控制电路的基础上，根据表 3-1 进行风力发电系统的硬件接线。

接线中所有电源正极采用红线，电源负极采用黑线，主电路 2 个电机正负极分别采用红线、黑线，其余的输入输出接线采用红线。

注意：电源部分接线完成后务必让老师检查正确后方能够开始其他接线。

任务实施

一、风力发电系统电源接线

一体化教学桌面小型风光互补发电实训平台的电源模块如图 2-10 所示，具体在项目二的任务二中介绍过。

风力发电系统电源接线示意图如图 3-4 所示，主要包括以下几个部分接线。

（1）24V 电源接线（图 3-4 中正负极分别用+24V 和 24VG 表示）。

正极+24V：PLC 的供电正极+24V（模块 7）、PLC 的输出公共端正极 1L 和 2L（模块 5）、所有按钮/旋钮开关的公共端（模块 7）、变尾翼风力发电模块中的传感器公共端（模块 8）。

负极 24VG：PLC 的供电负极 0V（模块 5）、PLC 的输入公共端 1M/2M 和输出公共端负极 1M/2M（模块 5）、指示灯的公共端（模块 7）、继电器线圈的公共端 0V（模块 2）。

（2）12V 电源接线（图 3-4 中正负极分别用＋12V 和 12VG 表示）。12V 电源给主电路各个负载（2 个电机）供电，因此，主电路中的 12V 是接到继电器模块（模块 2）中继电器的双动合触点，哪个继电器得电，12V 电源就导通下来。切记不能用 24V 进行供电，以免负载烧坏。

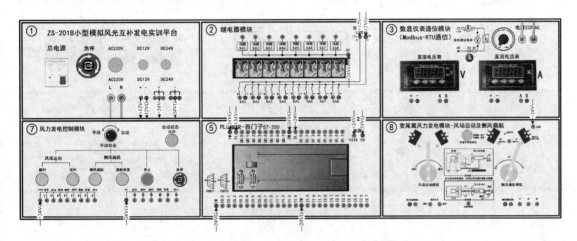

图 3-4　风力发电系统电源接线示意图

二、风力发电系统控制电路接线

风力发电系统控制电路接线是按照风力发电系统控制电路进行接线，主要包括输入和输出两大部分，输入部分和输出部分示意图分别如图 3-5、图 3-6 所示。

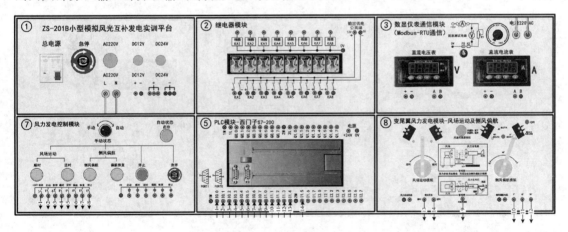

图 3-5　风力发电系统控制电路输入部分接线示意图

输入部分如图 3-5 所示，主要包括模块 7——风力发电控制模块的各种控制按钮输入和模块 6——变尾翼风力发电模块的各种传感器输入。为避免示意图过于复杂，示意图中编号相同的两根线表示相连接。其中需要注意的是，风场的顺时运动和逆时运动的两个限位开关用的是动断触点，因此，在没有碰到这两个限位开关时，相对应的 PLC 的 I/O 口 I1.5 和 I1.4 是得电的，后面 PLC 程序对应的运动停止限位开关应用动断触点（与光伏的运动限位采用动合触点不同）。

输出部分如图 3-6 所示，主要包括模块 7——风力发电控制模块的各种指示灯输出和模块 2——继电器模块的各种运动控制继电器线圈控制。为避免示意图过于复杂，示意图中编号相同的两根线表示相连接。

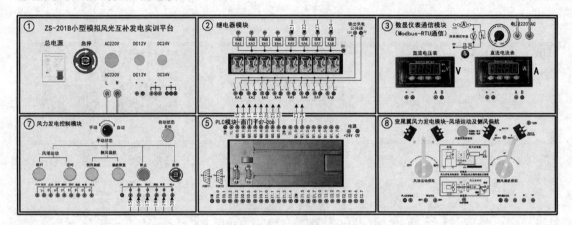

图 3-6　风力发电系统控制电路输出部分接线示意图

三、风力发电系统主电路接线

风力发电系统主电路接线示意图如图 3-7 所示，风力发电系统主电路主要包括风场电机顺时运动 KA9 和风场电机逆时运动 KA10、尾翼偏航运动 KA11 和尾翼恢复运动 KA12 等两对运动控制电机正反转控制电路。两对运动控制电机正反转电路的接线要交叉，见图 3-7。

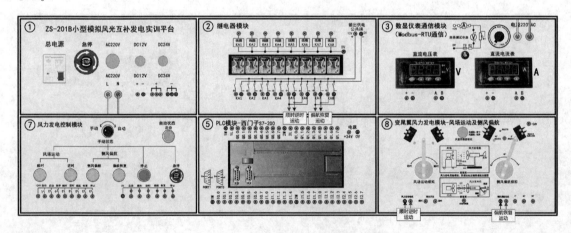

图 3-7　风力发电系统主电路接线示意图

🔍 任 务 小 结

风力发电系统的硬件接线分成电源接线、控制电路接线和主电路接线三个部分。其中控制电路接线又分成输入接线和输出接线。

风场的顺时运动和逆时运动的两个限位开关用动断触点，需要特别注意，后面编程时会有影响。

任务自测

1. 风力发电系统的电源接线哪些接 24V？哪些接 12V？
2. 风力发电系统的控制电路的输入接线主要包含哪些？
3. 风力发电系统的控制电路的输出接线主要包含哪些？
4. 风力发电系统的主电路接线主要包含哪些？

任务三　风力发电系统手动控制 PLC 程序设计与调试

任务目标

任务一和任务二分别进行了风力发电系统电气控制图的绘制、风力发电系统的硬件接线，通过本任务训练，使学生掌握根据控制任务要求进行风力发电系统 PLC 手动控制程序设计与调试。

风力发电系统
手动控制 PLC
程序设计

任务要求

风力发电系统 PLC 手动控制任务要求如下。

（1）PLC 处在手动控制状态时，按下顺时按钮，顺时按钮指示灯亮，风场运动机构箱顺时移动，当风场运动机构箱移动到限位开关时，顺时按钮指示灯熄灭，风场运动机构箱停止移动。风场运动机构箱在做顺时移动时，再次按下顺时按钮或按下停止按钮或急停按钮，顺时按钮指示灯熄灭，风场运动机构箱停止移动。

逆时按钮与顺时类似。顺时按钮控制和逆时按钮控制在程序上采取互锁关系。

（2）PLC 处在手动控制状态时，按下偏航按钮，偏航按钮指示灯亮，风力发电机做侧风偏航动作，尾翼偏转到 45°左右的位置，侧风偏航结束，偏航按钮指示灯熄灭。风力发电机做侧风偏航的过程中，再次按下偏航按钮或按下停止按钮或急停按钮，侧风偏航结束，偏航按钮指示灯熄灭。

按下偏航恢复按钮，恢复按钮指示灯亮，风力发电机撤销侧风偏航，在此过程中，再次按下恢复按钮或按下停止按钮或急停按钮，撤销侧风偏航动作停止，恢复按钮的指示灯熄灭。在撤销侧风偏航的过程中，当尾翼回到初始状态时，撤销侧风偏航的动作结束，恢复按钮指示灯熄灭。

任务实施

风力手动程序的编写跟光伏手动类似。下面按照上述步骤进行风力发电系统手动 PLC 控制程序的设计与调试，控制要求详见上面的任务要求。

（1）创建工程。新建工程，命名为"风力发电系统手动控制 . mcp"。

（2）创建符号表。根据 I/O 分配表和接线图，建立符号表如图 3 - 8 所示，分为 I、Q 两张符号表。组态中按钮对应的 M0.0～M0.7 这里省略（传感器不用），请自行建立，编号和 I 对应。

（3）编写程序。单击程序编辑区域下方，第一张选项卡为"主程序"，第二张选项卡改

			符号	地址
1			旋转开关	I0.0
2			启动按钮	I0.1
3			急停按钮	I0.2
4			顺时按钮	I0.3
5			逆时按钮	I0.4
6			侧风偏航按钮	I0.5
7			恢复按钮	I0.6
8			停止按钮	I0.7
9			风速检测信号	I1.0
10			偏航初始限位	I1.1
11			偏航45° 接近	I1.2
12			偏航90° 限位	I1.3
13			风场顺时限位	I1.4
14			风场逆时限位	I1.5

			符号	地址
1			启动指示灯	Q0.0
2			顺时指示灯	Q0.1
3			逆时指示灯	Q0.2
4			偏航指示灯	Q0.3
5			恢复指示灯	Q0.4
6			停止指示灯	Q0.5
7			顺时继电器	Q0.6
8			逆时继电器	Q0.7
9			偏航继电器	Q1.0
10			恢复继电器	Q1.1

图 3-8　风力发电系统符号表

名为"手动"。

1) 主程序。

网络1，完成输出 Q 和中间继电器 M 的复位；网络2，手动自动切换；网络3~5，分别是旋转开关切换到自动、急停按下、风速信号过大时，对应 M 元件置1，否则清0。

网络1（见图3-9）：以下情况复位，手动→自动（M0.0 动合上升沿）、自动→手动（M0.0 动断上升沿）、急停（M0.2 动合上升沿）、停止（硬件 I0.7 和组态 M0.7 两种）、自动程序结束（置位复位切换法 M6.3，采用线圈切换法最后一个状态是 M6.4，因此图3-9中 M6.3 要改成 M6.4）。

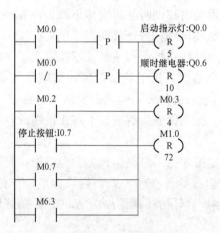

图 3-9　主程序网络1

网络2（见图3-10）：手动、自动程序选择。

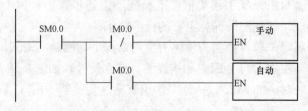

图 3-10　主程序网络2

网络 3（见图 3-11）：旋转开关旋手动切换到自动，则 M0.0 置 1，第一行 M0.0 动断触点断开；旋转开关自动切换到手动，则 M0.0 清 0，第一行 M0.0 动断触点闭合。依此类推。

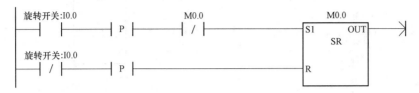

图 3-11　主程序网络 3

网络 4（见图 3-12）：急停按钮按下，则 M0.2 置 1，第一行 M0.2 动断触点断开；急停按钮旋开恢复，则 M0.2 清 0，第一行 M0.2 动断触点闭合。依此类推。

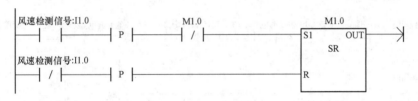

图 3-12　主程序网络 4

网络 5（见图 3-13）：风速从正常变为过大，则 M1.0 置 1，第一行 M1.0 动断触点断开；风速从过大变为正常，则 M1.0 清 0，第一行 M1.0 动断触点闭合。依此类推。

图 3-13　主程序网络 5

2）手动程序。风力发电系统的手动程序和光伏类似，分为顺时和逆时、偏航和恢复等四个网络。

网络 1（见图 3-14）：按下顺时按钮，I0.3 闭合，第一、二行均导通，SR 指令置位优先，因此顺时继电器 Q0.6 和顺时指示灯 Q0.1 得电，风场电机做顺时运动，指示灯亮，此时第一行 Q0.6 动断触点断开；第二次按下顺时按钮，第一行断开，因此，执行第二行复位操作，Q0.6 和 Q0.1 失电，此时第一行 Q0.6 动断触点闭合。依此类推。网络 2（见图 3-15）的逆时类似。

由于风场电机顺时、逆时运动的限位开关使用的是动断触点，因此网络 1、网络 2 的并联在第二行的运动停止限位开关 I1.4 和 I1.5 用动断触点，串联在第一行中用于保证到达限位后不继续运动的顺时、逆时限位开关 I1.4 和 I1.5 均使用动合触点。

网络 1 和网络 2 采用软件互锁，即网络 1 顺时运动的第一行串联逆时运动 Q0.7 的动断触点，网络 2 逆时运动的第一行串联顺时运动 Q0.6 的动断触点。

网络 3（见图 3-16）和网络 4（见图 3-17）的尾翼偏航和尾翼恢复运动类似。只是并联的限位开关用的是动合触点，串联的限位开关用的是动断触点，和上面相反。

图 3 - 14　手动网络 1

图 3 - 15　手动网络 2

图 3 - 16　手动网络 3

图 3 - 17　手动网络 4

（4）编译、下载、调试。

完成编写后，进行编译、下载和调试。根据控制要求一个个验收，有错误可以通过在线监控查找错误地方并进行修改。

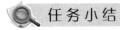 **任务小结**

风力发电系统的手动控制分成风场顺时运动和逆时运动、尾翼偏航和恢复运动两个。

风力发电系统的手动控制中风场顺时运动和逆时运动的限位开关使用的是动断触点，因此程序中对应的碰到限位开关停止的触点与其他限位开关不同。

任务自测

1. 风力发电系统的手动控制主程序中哪些情况下会复位？
2. 风力发电系统的手动控制中风场限位开关是动合还是动断？如何编写程序？

任务四　风力发电系统自动控制 PLC 程序设计与调试

任务目标

任务三进行了风力发电系统的手动控制设计与调试，本任务进行风力发电系统的自动控制设计与调试。通过任务训练，掌握 PLC 自动控制程序设计的两种大类方法：①仿状态编程法，置位复位切换法和线圈切换法；②状态编程法。

风力发电系统 PLC
自动控制程序设计

任务要求

风力发电系统 PLC 自动控制程序任务要求如下。

（1）PLC 处在自动控制状态时，启动轴流风机旋转，按下启动按钮，风场装置作顺时运动，即运动 3s 停 3s 的间断运动。

（2）当风场运动机构箱顺时移动到限位开关时，风场装置作逆时运动，即作运动 3s 停 3s 的间断运动，当风场运动机构箱逆时移动到限位开关时，风场运动机构箱停止移动，自动运行程序结束。

（3）PLC 处在自动控制状态，启动指示灯常亮，按下风速按钮，模拟风速过大，风力发电机作侧风偏航，松开风速按钮，风力发电机撤销侧风偏航。

（4）PLC 处在自动控制状态，按下启动按钮时，如果风力发电机处于侧风偏航状态，风力发电机则先撤销侧风偏航。

（5）风场运动机构箱作顺时运动和逆时运动在程序上采取互锁关系。

任务实施

一、置位复位切换法（SR 切换法）

置位复位切换法思路：除了开始和结束，每一步开始时用 R 指令复位上一步，执行完通过 S 指令转移到下一步。开始步没有 R，结束步最后的 M 置 1 用来主程序复位 Q 和 M 等元件。

网络 1（见图 3-18）：按下启动按钮 I0.1，M6.0 和 M6.1 置 1，同时启动指示灯 Q0.0

亮。此时激活网络 2（M6.1＝1）和网络 4（M6.0＝1）。先讲解网络 2～网络 3 的自动程序。

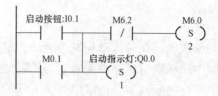

图 3-18　SR 法自动网络 1

网络 2（见图 3-19）：启动按钮按下，M6.1＝1，此时网络 2 工作，T50 和 T51 构成方波电路，T50 动断触点为通 3s 断 3s 的方波，此时，风场做走 3s 停 3s 的顺时运动，由于顺时限位用的是硬件的动断触点（即平常是 I1.4 口得电），因此此处串联的是 I1.4 的动合触点，即没有碰到时 I1.4 动合触点导通；当碰到顺时限位开关时，断开，则顺时运动停止；同时，M6.2 置 1。

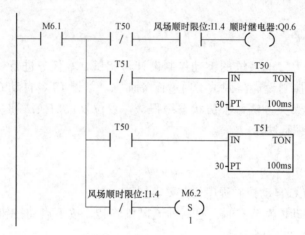

图 3-19　SR 法自动网络 2

网络 3（见图 3-20）：M6.2＝1 时，网络 3 运行，M6.1 复位，则网络 2 退出运行，风场电机进行走 3s 停 3s 的逆时运动，直到碰到逆时限位开关，停止运动，并将 M6.3 置 1，自动程序结束。M6.3 并联在主程序的网络 1 中的复位部分，使得输出 Q 和中间继电器 M 等复位，主程序中复位 M1.0 开始的 72 个，包含到 M6.0～M6.3。

网络 4（见图 3-21）：按下启动按钮除了 M6.1 置 1 进入一步步执行，M6.0 也置 1，整个自动运行过程中 M6.0＝1，因此网络 4 一直执行，任务三中主程序的网络 5 中风速过大时，M1.0＝1，风速正常，M1.0＝0；第一行表示当风速过大时，M1.0 动合触点闭合，尾翼偏航，直到偏航到 45°位置（I1.2 动断触点断开）尾翼停止偏航运动；第二行表示风速正常，M1.0 动断触点闭合，此时尾翼如果不在初始限位开关位置，则尾翼做恢复运动，直到碰到初始 0°限位开关（I1.1 动断断开），尾翼停止恢复运动。

二、线圈切换法

由于风力发电系统自动程序步数不多，这里进行线圈切换法的思路讲解。

网络 1（见图 3-22）：按下启动按钮 I0.1（或者组态上的启动按钮 M0.1），则 M6.1 线圈得电，左下方 M6.1 动合触点自锁，此时保持在 M6.1 状态，风场电机做走 3s 停 3s 的顺

图 3-20 SR 法自动网络 3

图 3-21 SR 法自动网络 4

时运动，直到碰到风场顺时限位开关，停止顺时运动，同时线圈 M6.2 得电，激活网络 3。

图 3-22 线圈法自动网络 1

网络 2（见图 3-23）：线圈 M6.2 得电，M6.2 动合触点闭合，M6.3 线圈得电，M6.3 的动合触点串联到网络 1 中，断开 M6.1，此时网络 1 不执行；M6.3 动合触点进行自锁，此时网络 2 运行，风场电机作走 3s 停 3s 的逆时运动，直到碰到风场逆时限位开关，停止顺时运动，同时线圈 M6.4 得电，自动程序结束。

M6.4 并联在主程序的网络 1 中的复位部分，使得输出 Q 和中间继电器 M 等复位。主程序中复位 M1.0 开始的 72 个，包含到 M6.0~M6.4。

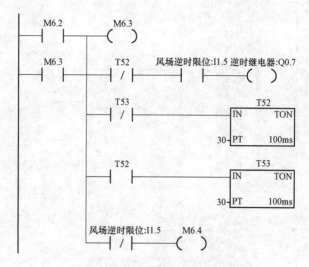

图 3-23　线圈法自动网络 2

网络 3（见图 3-24）：按下启动按钮线圈 M6.0 得电并进行自锁，这个状态一直保持到自动程序结束。此时第二行和第三行的程序和上面 SR 切换法的网络 4 类似，不再累述。

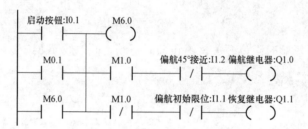

图 3-24　线圈法自动网络 3

三、状态编程法

状态编程法使用专门状态元件编程以及 SCR（状态开始）和 SCRT（状态转移）指令。

网络 1（见图 3-25）：按下启动按钮，M6.0 置 1，同时 S0.0 置 1，激活 S0.0 状态。

网络 2（见图 3-26）：状态 S0.0 开始。

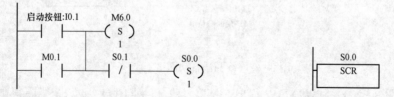

图 3-25　状态编程法自动网络 1　　　　图 3-26　状态编程法自动网络 2

网络 3（见图 3-27）：状态 S0.0 执行动作为风场电机做走 3s 停 3s 的顺时运动，直到碰到顺时限位开关，此时通过 SCRT 指令转移到 S0.1。

网络 4：状态 S0.1 开始（见图 3-28）。

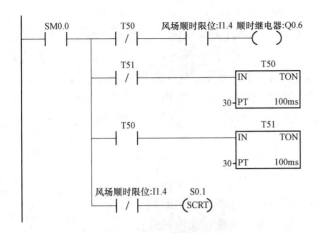

图 3-27　状态编程法自动网络 3

图 3-28　状态编程法自动网络 4

网络 5（见图 3-29）：状态 S0.1 执行动作为风场电机做走 3s 停 3s 的逆时运动，直到碰到逆时限位开关，此时通过 SCRT 指令转移到 S0.2。主程序里面的网络 1 应该并联 S0.2 进行复位，复位元件应该增加 S0.0 开始的 3 个状态元件。

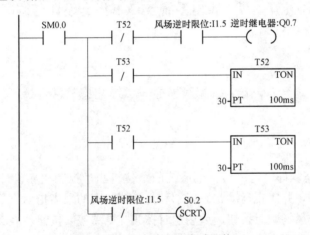

图 3-29　状态编程法自动网络 5

网络 6：状态编程结束（见图 3-30）。

网络 7：和方法一 SR 切换法相同，详细见上面讲解，这里不再累述（见图 3-31）。

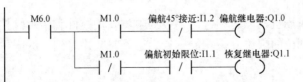

图 3-31　状态编程法自动网络 7

图 3-30　状态编程法
自动网络 6

任务小结

置位复位切换法：每一步开始时用 R 指令将上一步断开，本步运行完再用 S 指令将下一步激活。最后一步的 M 元件并联到主程序进行复位操作。

线圈切换法：上一步结束时结束线圈得电，该线圈对应的动合触点在本步闭合，激活本步线圈并自锁，本步线圈动断触点串联到上一步线圈，断开上一步；本步执行完结束线圈得电，下一步又激活……依次类推。最后一步的 M 元件并联到主程序进行复位操作。

状态编程法：采用状态元件，每步开始用 SCR，执行完用 SCRT 转移到下一步。第一步通过置位指令 S 对状态元件置 1 激活，最后一步转移的目标状态元件并联到主程序进行复位操作。

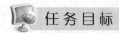 任务自测

1. 风力发电系统 PLC 自动控制中启动后，如何实现尾翼回到初始位？
2. 简要阐述风力发电系统 PLC 自动控制置位复位切换法的思路。
3. 简要阐述风力发电系统 PLC 自动控制线圈切换法的思路。
4. 简要阐述风力发电系统 PLC 自动控制状态编程法的思路。
5. 风力发电系统顺时逆时限位开关采用动合还是动断触点？

任务五　风力发电系统 MCGS 组态设计与调试

风力发电系统 MCGS
组态设计与调试

📺 任务目标

通过风力发电系统组态设计，掌握触摸屏 MCGS 组态软件设计开发步骤及实际应用。

📺 任务要求

采用 MCGS 组态软件进行风力发电系统的上位机测量控制程序设计，从而实现对风力发电系统的运动控制，并实现运动状态指示和传感器状态的采集指示。具体要求如下。

（1）控制按钮：风场顺时按钮、风场逆时按钮、尾翼偏航按钮、尾翼恢复按钮、启动按钮、停止按钮、急停按钮、手动自动选择。

（2）传感器状态指示灯：风场顺时限位开关、风场逆时限位开关、尾翼偏航 0°限位开关、尾翼偏航 45°接近开关、尾翼偏航 90°限位开关。

（3）运动状态指示灯：风场顺时指示、风场逆时指示、尾翼偏航指示、尾翼恢复指示、启动指示、停止指示。

在界面中设计风场机构顺时和逆时到位的限位开关控件和指示灯控件，要求与实际的风场机构顺时和逆时到位的限位开关功能一致。当顺时或逆时到位的限位开关被压下时，相应的指示灯控件亮。

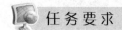 任务实施

风力发电系统 MCGS 组态设计步骤如下（省略的部分详细步骤可以参考项目二任务六）。

（1）新建工程。新建工程，选择所使用的触摸屏型号 TPC7062TX；为工程命名，如"风力发电 .MCE"。

注意保持路径，如果默认直接保存则在安装目录下，一般需要从菜单里选择另存为，保存到需要的指定位置。

（2）添加设备并设置参数。添加设备并设置参数和光伏 MCGS 组态设计类似，详细见项目二的任务六。

（3）添加变量。添加变量完成如图 3-32 所示，主要包括传感器、继电器和指示灯、控制按钮。

图 3-32 风力发电系统 MCGS 变量添加界面

组态中的传感器用 I（直接读取输入口状态），输出用 Q，按钮用 M（实际硬件的按钮用 I），这是为何手动程序中所有运动控制并联一个对应编号 M 元件的道理，I 只受外部控制，不受 MCGS 控制，但是 I 可以读取状态，所以传感器状态指示灯可以关联 I。

（4）界面设计。风力发电系统 MCGS 控制界面设计如图 3-33，主要包括控制按钮和指示灯。

1）控制按钮：风场顺时、逆时，尾翼偏航、恢复，风速过大模拟，启动，停止，急停。

2）指示灯：风场顺时、逆时运动，尾翼偏航、恢复运动，风速过大指示，启动，停止。风场顺时/逆时运动限位开关，尾翼偏航/恢复运动限位开关（含 1 个中间 45°接近开关）。

其中标题是采用文本，文本默认为带框（如最下方五个文本），可以右键单击标题文

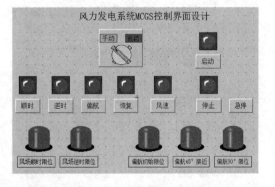

图 3-33 风力发电系统 MCGS 界面设计

字，然后弹出图 3-34 左图对话框，可以设置字符颜色和字体格式大小，也可以设置边线颜色（图中的两个箭头位置）。设置边线颜色和默认填充颜色一致，如图 3-34 右图，则文本就没有边线（因为边线和背景颜色相同而看不见）。

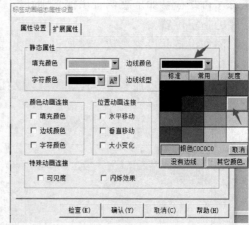

图 3-34　MCGS 文本背景设置

（5）关联变量。

将控件与变量一一关联，其中按键除了急停设置为取反，其余均设置为按 1 松 0，所有指示灯和传感器均直接关联，但是需要特别注意风场电机运动的顺时限位开关和逆时限位开关使用的是动断触点，因此如果按照默认设置，这两个限位开关指示灯一开始就会变成绿色，而任务要求所有传感器指示灯一开始要显示默认的红色，碰到时才变成绿色，因此必须对指示灯进行设置。以顺时限位为例，双击顺时限位指示灯，设置"数据对象"为 I1.4（风场顺时限位）后，单击"动画连接"设置，如图 3-35（a），选中第一行组合图符（①），单击右侧箭头位置，弹出来"动画组态属性设置"对话框，单击"可见度"选项卡 [如图 3-35（b）所示]，"当表达式非零时"设置为"对应图符不可见"（动合触点的限位开关设置为"对应图符可见"）；类似的，选中图 3-35（a）中第二行组合图符（②），单击右侧对应位置进行可见度设置，"当表达式非零时"设置为"对应图符可见"（动合触点的限位开关设置为"对应图符不可见"）。

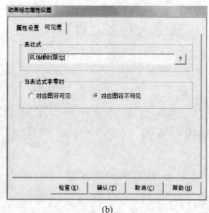

(a)　　　　　　　　　　　　　　　(b)

图 3-35　MCGS 变量关联
（a）动画连接设置；（b）可见度设置

（6）下载调试。按图 3-36 中所示步骤①～④，将设计的组态程序下载到触摸屏并调试。

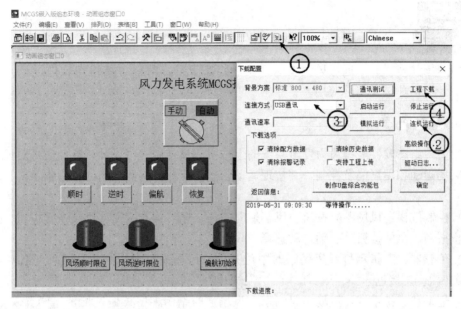

图 3-36 MCGS下载调试

任务小结

采用 MCGS 进行风力发电系统组态设计的步骤有 6 步：①新建工程；②添加设备并设置通信参数；③添加变量；④界面设计；⑤关联变量；⑥下载调试。

MCGS 下载时候需要选择"连机运行"，然后选择通信方式"USB 连接"，最后单击"下载"，下载完毕单击"启动运行"。

西门子 S7-200 PLC 拥有两个 485 通信口，一个和 MCGS 触摸屏通信，另一个通过 USB-PPI 和电脑连接。因此，MCGS 的调试如果有问题可以通过在线监控 PLC 的梯形图中触点状态，查找问题后修改。

风力发电系统 MCGS 设计中，需要注意顺时逆时这类硬件上采用动断触点的限位开关，为了在组态上实现没有碰到限位开关时，指示灯为熄灭状态，则指示灯的属性需要设置成"表达式非零时，对应图符不可见。"

任务自测

1. MCGS 与西门子 PLC 通信的参数在 MCGS 组态设计时如何设置？

2. 对于按钮或者指示灯如何进行对齐和均布？

3. 西门子 S7-200 系列 PLC 和 MCGS 触摸屏通信进行组态控制时，能否使用在线监控？为何？

4. 风场电机运动的顺时限位开关和逆时限位开关的指示灯在组态中如何设置？

任务六　风力发电系统力控组态设计与调试

风力发电系统力控
组态设计与调试

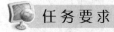

任务目标

通过风力发电系统的组态设计，掌握力控组态软件设计开发步骤及实际应用。

任务要求

采用力控组态软件进行风力发电系统的上位机测量控制程序设计，从而实现对风力发电系统的风场运动和尾翼偏航控制，并实现运动状态指示和传感器状态的采集指示，具体要求如下。

（1）控制按钮：风场顺时按钮、风场逆时按钮、尾翼偏航按钮、尾翼恢复按钮、启动按钮、停止按钮、急停按钮、手动自动选择

（2）传感器状态指示灯：风场顺时限位开关、风场逆时限位开关、尾翼偏航 0°限位开关、尾翼偏航 45°接近开关、尾翼偏航 90°限位开关。

（3）运动状态指示灯：风场顺时指示、风场逆时指示、尾翼偏航指示、尾翼恢复指示、启动指示、停止指示。

在界面中设计风场机构顺时和逆时到位的限位开关控件和指示灯控件，要求与实际的风场机构顺时和逆时到位的限位开关功能一致。当顺时或逆时到位的限位开关被压下时，相应的指示灯控件亮。

任务实施

风力发电系统力控组态设计步骤大致分成如下几个步骤：新建工程→添加并设置设备→添加变量→界面设计→变量关联→运行调试。下面就设计步骤进行详细讲解。

（1）新建工程。双击力控组态软件图标，打开力控组态软件。

打开软件后，单击左侧的菜单的"新建"图标，弹出"新建工程"对话框，选择保存路径，然后输入工程名称"风力发电"（力控组态软件所设计的工程为文件夹形式，输入的工程即文件夹名称），单击"确定"进行工程保存。完成创建，单击"开发"进入开发界面。

（2）添加并设置设备。双击 S7 - 200（PPI）后，输入设备名称 PLC2（风光互补发电系统共有光伏和风力两个 PLC，假设分别命名为 PLC1 和 PLC2），PLC 地址默认为 2（如果有进行修改则以实际为准）。

单击下一步进行通信参数设置。

1）串口：这里力控软件运行在 PC 机上，采用 USB - PPI 和 PLC 连接，所以选择 COM3 进行调试（如果更换 USB 口，则端口会改变，详细在"我的电脑"→右键单击"属性"→"设备管理器"→查看端口号），实际在工控机运行时候，根据要求选择 COM1～COM3 中的一个。

2）波特率设置：9600bps；

3）奇偶校验方式：偶校验；

4）数据格式：数据位 8 位，停止位 1 位。

（3）添加变量。添加变量（新建数据库组态）是添加所设计的组态控制界面上每个控件对应 PLC 内部的软元件。

风力发电系统添加的所有变量和 MCGS 组态设计的变量类似，包括 M、I 和 Q，具体如图 3 - 37 所示，单击保存，然后关闭"数据库组态"设置界面。

NAME [点名]	DESC [说明]		%I [I/C
I210	风速检测信号	PV=PLC2:I	离散输入|1|BIT|0
I211	初始位	PV=PLC2:I	离散输入|1|BIT|1
I212	45度到位	PV=PLC2:I	离散输入|1|BIT|2
I213	90度到位	PV=PLC2:I	离散输入|1|BIT|3
I214	顺时限位	PV=PLC2:I	离散输入|1|BIT|4
I215	逆时限位	PV=PLC2:I	离散输入|1|BIT|5
M200	旋转开关	PV=PLC2:M	内部内存位|0|BIT|0
M210	风速测试	PV=PLC2:M	内部内存位|1|BIT|0

NAME [点名]	DESC [说明]		%I [I/C
M201	启动按钮	PV=PLC2:M	内部内存位|0|BIT|1
M202	急停按钮	PV=PLC2:M	内部内存位|0|BIT|2
M203	顺时按钮	PV=PLC2:M	内部内存位|0|BIT|3
M204	逆时按钮	PV=PLC2:M	内部内存位|0|BIT|4
M205	侧风偏航按钮	PV=PLC2:M	内部内存位|0|BIT|5
M206	恢复按钮	PV=PLC2:M	内部内存位|0|BIT|6
M207	停止按钮	PV=PLC2:M	内部内存位|0|BIT|7

NAME [点名]	DESC [说明]		%I [I/
Q200	启动指示灯	PV=PLC2:Q	离散输出|0|BIT|0
Q201	顺时指示灯	PV=PLC2:Q	离散输出|0|BIT|1
Q202	逆时指示灯	PV=PLC2:Q	离散输出|0|BIT|2
Q203	偏航指示灯	PV=PLC2:Q	离散输出|0|BIT|3
Q204	恢复指示灯	PV=PLC2:Q	离散输出|0|BIT|4
Q205	停止指示灯	PV=PLC2:Q	离散输出|0|BIT|5

图 3 - 37　风力发电系统添加的所有变量

（4）界面设计。设计好的风力发电系统力控组态界面如图 3 - 38，主要包括风场顺时逆时运动控制按钮，运动和限位开关状态指示灯，尾翼偏航和恢复运动控制按钮，运动和限位开关状态指示灯。其中，运动指示灯是缩小后放在按钮上方，而不是按钮带指示灯的整体组件。

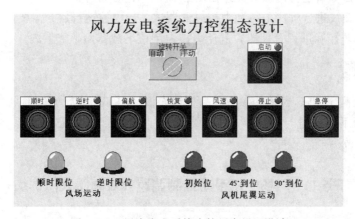

图 3 - 38　风力发电系统力控组态界面设计

（5）关联变量。变量并联主要如下控件：运动控制按钮、急停按钮、运动状态指示灯和各种限位开关状态指示灯。需要注意的是，风场运动的顺时限位开关和逆时限位开关硬件上采用动断触点，所以如果和其他设置一样，则一开始灯就会亮（红色变为绿色），因此为了实现任务要求（没碰到限位开关，指示灯为红色，碰到为绿色），将这两个限位开关指示灯的属性设置为：为假时绿色；为真时红色。

在完成变量关联后，单击"系统配置"，设置"初始启动窗口"，增加后确定。

（6）运行调试。完成设计后，点击图 3 - 39 所示的运行图标可以进行运行。

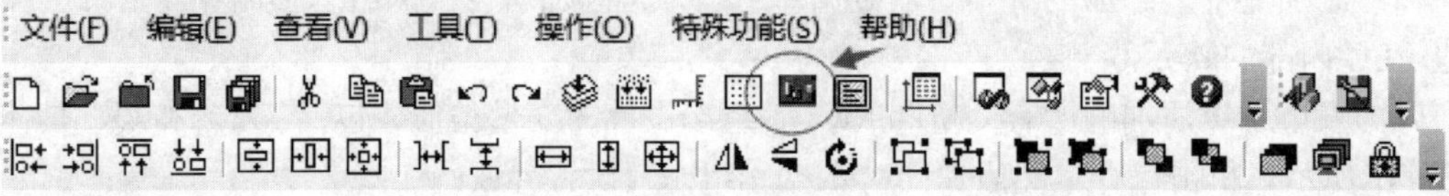

图 3 - 39　力控运行图标

当程序有修改，特别是设备的地址、通信参数、变量等修改后，再次进行运行调试时，退出 I/O 监控和进程管理器（具体方法见项目二任务八），才算真正退出运行。

PLC 和 PC 机进行力控组态调试时，由于采用了 USB - PPI，只有一条下载线，所以不能进行在线监控而且每次组态调试完需要退出 I/O 监控和进程管理器，才能下载 PLC；解决办法是可以用两条 USB-PPI，一条用来 PC 机和 PLC 通信，另一条用作 STEP7 编程软件与 PLC 的程序下载和在线监控。

PLC 和工控机通信由于采用制作的通信线连接 PLC 和工控机的 485 通信接口，所以电脑可以通过 USB - PPI 通信线在 STEP7 实现程序下载和在线监控。

🔍 任务小结

采用力控进行风力发电系统组态设计的步骤有 6 步：①新建工程；②添加设备并设置通信参数；③添加变量；④界面设计；⑤关联变量；⑥运行调试。

风力发电系统中顺时限位开关和逆时限位开关硬件上接的是动断触点，因此在力控组态上设置真假颜色和其他传感器指示灯相反。

力控修改后，重新运行前需要先退出 I/O 监控和进程管理器。

用同一根下载线进行程序下载和力控设计调试，当力控运行后，需要进行程序下载，则需要先退出 I/O 监控和进程管理器，避免力控占用该下载器而不能下载。

🏭 任务自测

1. 力控与西门子 PLC 通信的参数在力控组态设计时如何设置？

2. 用同一根下载线进行程序下载和力控设计调试，如果力控运行了，能否下载程序？如何才能下载更改后的新程序？

任务七　风场电机手动控制调速（变频器入门训练）

📡 任务目标

风场电机手动
调速控制

前面任务一～任务六学习了风力发电系统的基本控制，主要实现了风场和尾翼的运动控制，其中尾翼偏航和恢复在一体化教学设备上是通过自锁按钮来模拟风速过大（按钮按下）和正常（按钮弹起）；在国赛设备上，采用风速传感器采集风速（0～5V 模拟量），通过 DSP 转换成风速开关量（过大为 1 和正常为 0）。国赛设备由风场电机产生风，风场电机是通过风力发电控制系统中的变频器来控制转速，转速越快，风速越大。

风场电机的变频器控制可以分为 BOP 面板手动控制、端子启动、模拟量控制和通信控制（上位机组态控制）等主要几种控制方式。本任务通过训练，初步掌握变频器最基础的 BOP 面板手动控制，学会西门子 MM420 变频器的初步使用。任务八训练变频器的上位机组态控制。

任务要求

在国赛设备上，对风场电机进行硬件接线并实现 BOP 面板手动控制，具体要求如下：

（1）完成变频器控制风场电机的星形接法和三角形接法等两种硬件接线方法；

（2）完成风场电机变频器控制的变频器参数设置，可以使风场电机运行在 0～40Hz 间任意一个指定频率点（包括正转和反转），要求上升每秒 2Hz，下降每秒 1Hz。

任务实施

一、变频器控制风场电机的星形和三角形接法

变频器控制风场电机的星形和三角形接法如图 3-40 和图 3-41 所示，变频器的电源输入端 L1/L、L2/N、L3 三个端子，其中前两个分别接 L 和 N，变频器的输出 U、V、W 三个端子分别接线到电机上方的接线盒里，打开接线盒盖子，内部接线在图中清除标识。三角形接法中 U、V、W 分别接 W2、U2、V2，然后 W2、U2、V2 首尾接起来形成三角形；星形接法中 U、V、W 是经过绕组后到分别接 W2、U2、V2，W2、U2、V2 是用短路片短路了。

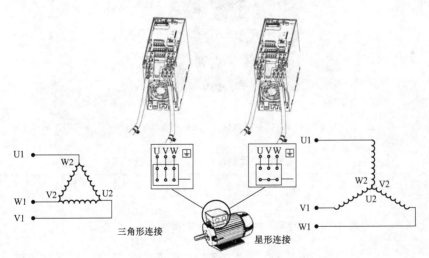

图 3-40　变频器控制电机的星形三角形连接示意图

二、风场电机变频器的 BOP 面板手动控制

1. MM420 变频器的 BOP 面板介绍

风场电机吹风量大小通过西门子 MM420 变频器控制，图 3-42 是西门子 MM420 变频器的 BOP 面板，共有八个按键，用来设置参数，不管是电机通过变频器的哪种控制方式控制转速，都需要进行相关参数设置，才能运行。表 3-2 为基本操作面板按钮功能说明。

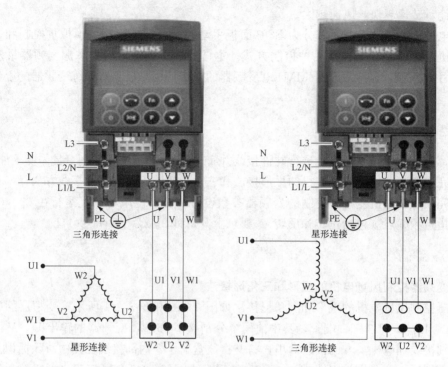

图 3-41 变频器控制电机的星形和三角形连接实物图

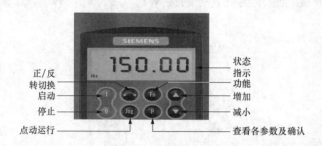

图 3-42 西门子 MM420 变频器的基本操作面板

表 3-2   基本操作面板（BOP）上的按钮

显示/按钮	功能	功能的说明
r 0000	状态显示	LCD 显示变频器当前的设定值
I	启动变频器	按此键启动变频器。缺省值运行时此键是被封锁的。为了使此键的操作有效，应设定 P0700＝1
O	停止变频器	OFF1：按此键，变频器将按选定的斜坡下降速率减速停车，缺省值运行时此键被封锁；为了允许此键操作，应设定 P0700＝1 OFF2：按此键两次（或一次，但时间较长）电动机将在惯性作用下自由停车。此功能总是"使能"的

显示/按钮	功能	功能的说明
	改变电动机的转动方向	按此键可以改变电动机的转动方向，电动机的反向用负号表示或用闪烁的小数点表示。缺省值运行时此键是被封锁的。为了使此键的操作有效，应设定 P0700＝1
	电动机点动	在变频器无输出的情况下按此键，将使电动机启动，并按预设定的点动频率运行。释放此键时，变频器停车。如果变频器/电动机正在运行，按此键将不起作用
	功能	此键用于浏览辅助信息。 变频器运行过程中，在显示任何一个参数时按下此键并保持不动 2s，将显示以下参数值（在变频器运行中从任何一个参数开始）： 1. 直流回路电压（用 d 表示，单位为 V）；2. 输出电流 A； 3. 输出频率（Hz）；4. 输出电压（用 o 表示，单位为 V）； 5. 由 P0005 选定的数值〔如果 P0005 选择显示上述参数中的任何一个（3、4 或 5），这里将不再显示〕 连续多次按下此键将轮流显示以上参数 跳转功能：在显示任何一个参数（rXXXX 或 PXXXX）时短时间按下此键，将立即跳转到 r0000，如果需要的话，可以接着修改其他的参数。跳转到 r0000 后，按此键将返回原来的显示点
	访问参数	按此键即可访问参数
	增加数值	按此键即可增加面板上显示的参数数值
	减少数值	按此键即可减少面板上显示的参数数值

2. 风场电机的参数（以星形连接为例）

风场电机采用紫光三相异步电动机，其铭牌数据如表 3-3 所示，其中额定功率、额定电压、额定电流、额定频率、额定转速等几个重要参数需要在手动设置时进行设置，才能正常运行。

表 3-3　　　　　　　　　　　紫光三相异步电动机铭牌数据

型号	Y2-71M2-4	标准编号	JB/T 8680—2008
绝缘等级	B	防护等级	IP54
额定功率	0.37kW	额定电压	220VAC
额定电流	1.07A	接线方法	Y（星形）
额定频率	50Hz	额定转速	1400r/min
效率	67％	功率因素	0.75
噪声	55dB	重量	6.4kg

3. 风场电机的 BOP 面板手动控制设置

根据风场电机的参数表，对变频器进行设置。变频器具体参数及设置方法见《MICROMASTER 420 通用型变频器使用大全》，要学会根据实际控制对象和控制要求进行设置。

MM420 变频器
说明书

风场电机的 BOP 面板手动控制设置步骤：首先要恢复出厂设置，然后进入快速调试模式，根据铭牌参数设置，选择控制方式，最后结束快速调试。参数设置及其对应二维码资源中页码如表 3-4 所示。

表 3-4 参数设置

	恢复出厂设置		对应二维码资源中页码
1	P0010＝30	//工厂缺省值	10-7
2	P0970＝1	//初始化	10-45
	参数设置		
3	P0003＝1	//设置为标准级访问	10-5
4	P0010＝1	//开始快速调试	10-7
5	P0304＝220（按铭牌设置）	//设置电机额定电压	10-20
6	P0305＝1.07（按铭牌设置）	//设置电机额定电流	10-21
7	P0307＝0.37（按铭牌设置）	//设置电机额定功率	10-21
8	P0310＝50（按铭牌设置）	//设置电机额定频率	10-22
9	P0311＝1400（按铭牌设置）	//设置电机额定转速	10-22
10	P0700＝1	//选择命令源：BOP 面板控制	10-27
11	P1000＝1	//操作面板（BOP）控制频率	10-45
12	P1080＝0	//设置电动机最小频率	10-54
13	P1082＝40	//设置电动机最大频率	10-55
14	P1120＝20	//设置斜坡上升时间 20s 从 0→40Hz，2Hz/s	10-58
15	P1121＝40	//设置斜坡下降时间 40s 从 40→0Hz，1Hz/s	10-58
	设置结束		
16	P3900＝1	//结束快速调试	10-107

4. 风场电机的手动控制调试

完成参数设置后，按如下步骤进行调试，实现风场电机的手动控制：

（1）将 P3900 置 1 结束快速调试后，按变频器上"FN"按钮再按"P"按钮即可显示出变频器的频率；

（2）按下 I 启动；

（3）按增加和减小可以调节频率；

（4）按方向切换按键进行正反转切换。

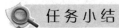 **任务小结**

风场电机的变频器控制可以分为 BOP 面板手动控制、端子启动、模拟量控制和上位机组态控制等主要几种控制方式。

BOP 面板手动控制分成恢复出厂设置、参数设置、设置结束三步，其中关键是要学会根据电机铭牌和控制要求来设置参数。

任务自测

1. 风场电机的变频器控制主要有几种？

2. 变频器上如何设置实现风场电机正反转？

3. 变频器斜坡上升/下降时间是指从什么频率上升/下降到什么频率？

任务八　风场电机组态控制调速（变频器组态控制）

任务目标

通过风场电机的力控组态控制设计与调试，学会工控机和变频器的接线，掌握采用工控机的力控组态软件进行设计，控制变频器的运行。

风场电机组态
控制调速

任务要求

采用力控进行组态软件设计，实现通过工控机对变频器进行组态控制，从而实现风场电机的调速。

控制要求：上位控制时，变频器的运行频率可调范围 0～50Hz，上升速度和下降速度均为 2Hz/s。

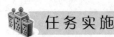 **任务实施**

组态控制一般采用工控机和触摸屏两类，工控机对应的上位机软件常见有力控，触摸屏常见的软件有 MCGS 组态软件。这里以力控为例进行工控机组态控制的上位机软件设计。

一、风场电机组态控制调速硬件接线

工控机和变频器的通信接线示意图如图 3-43 所示，工控机的 COM1-COM3 为 RS485 通信，九针串口的 8 为 A，7 为 B，分别接到变频器的第 14 脚（P＋）和第 15 脚（N－）。

二、组态控制调速变频器参数设置

组态控制调速变频器参数设置分成以下几个步骤，具体见表 3-5。

步骤一：将变频器复位为工厂的缺省设定值。

步骤二：进入快速调试。

步骤三：设置电机参数，根据电机铭牌来设置。

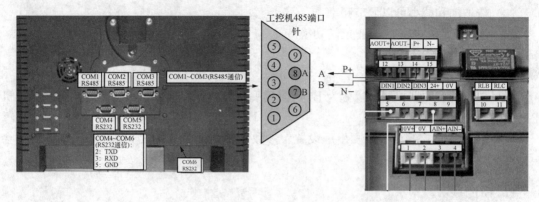

图 3-43　工控机和变频器的通信接线示意图

步骤四：设置命令源及如何设定频率（与之前不同，设置为 COM 链路 USS 控制）。

步骤五：设置电机最大最小频率及上升下降时间（0～50Hz 均可以调到，每秒 2Hz）。

步骤六：结束快速调试。

步骤七：进入专家级访问并设置组态控制通信参数。

风场电机组态控制调速变频器参数设置如表 3-5 所示。

表 3-5　　　　　　　　　风场电机组态控制调速变频器参数设置

	恢复出厂设置	
1	P0010=30	//工厂缺省值
2	P0970=1	//初始化
	基本参数设置	
3	P0003=1	//设置为标准级访问
4	P0010=1	//开始快速调试
5	P0304=220（按铭牌设置）	//设置电机额定电压
6	P0305=1.07（按铭牌设置）	//设置电机额定电流
7	P0307=0.37（按铭牌设置）	//设置电机额定功率
8	P0310=50（按铭牌设置）	//设置电机额定频率
9	P0311=1400（按铭牌设置）	//设置电机额定转速
10	P0700=5	//设置为远程控制：通过 COM 链路的 USS 设置
11	P1000=5	//设置为上位机控制：通过 COM 链路的 USS 设定
12	P1080=0	//最小频率
13	P1082=50	//最大频率
14	P1120=25	//上升时间每秒 2Hz
15	P1121=25	//下降时间每秒 2Hz
	结束快速调试	
16	P3900=1	//结束快速调试
	进入专家级访问并设置自动往返变速参数	
17	P0003=3	//专家级访问

18	P2009 [0] ＝1	//设置允许设定值以绝对十进制数的形式发送
19	P2010 [0] ＝6	//设置波特率为 9600bps
20	P2011 [0] ＝3	//设置变频器从站地址为 3

　　步骤 1～17 大家比较熟悉，不再累述，这里讲解与 USS 通信相关的三个参数：规格化、波特率和地址设置，见表 3-6，这里设置 P2019 [0] ＝1 是使能规格化，允许使用 USS 设置，P2010 [0] ＝6 是设置波特率为 9600bps，P2011 [0] ＝3 是设置变频器实际地址为 3（风力发电系统中 PLC 地址设置为 2，变频器和风力 PLC 在工控机组态控制时共用 COM2，因此通信格式和波特率需一样，地址不能一样）。

表 3-6　　　　　　　　　　　　　　　USS 通信相关的三个参数定义

参数	设置范围及含义
P2019 [0]	COM 链路的串行接口 USS 规格化（＝0：禁止；＝1：使能规格化；）
P2010 [0]	COM 链路的串行接口 USS 波特率（＝3：1200bps；＝4：2400bps；＝5：4800bps；＝6：9600bps；＝7：19200bps；＝8：38400bps；＝9：57600bps）
P2011 [0]	COM 链路的串行接口 USS 地址（设置范围：0～255，变频器实际地址，根据实际设定）

三、力控组态控制调速

1. 新建工程（利用现有程序新建工程）

　　由于国赛设备中风场电机是在风力发电系统中用于产生不同大小的风，所以我们组态设计时将力控组态控制风场电机调速融合到任务六设计好的界面中。因此直接利用风力发电程序，可以先选中风力发电力控组态软件，然后点击"备份"，如图 3-44 所示。

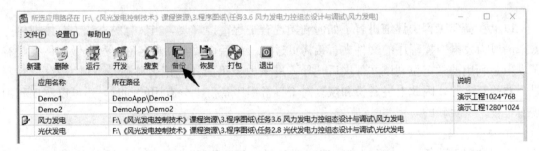

图 3-44　力控工程备份

　　弹出对话框，单击保存的位置，定义保存的备份文件名（如"风力发电 . PCZ"），单击确定后，在保存的目录下生成备份文件"风力发电 . PCZ"。

　　将该备份文件恢复到本任务的文件夹下，单击图 3-44 中的"恢复图标"，然后选择本任务资源所在文件夹（本书所有资源都按任务分文件夹保存），找到上面备份的文件"风力发电 . PCZ"，弹出如图 3-45 左图所示对话框，默认项目名称为"风力发电"，需要更名成本任务的名称"风场电机力控控制"；恢复的路径选择本任务所在的文件夹，然后加"\ 风场电机力控控制"，修改完如图 3-45 右图所示，单击确认，恢复完成。

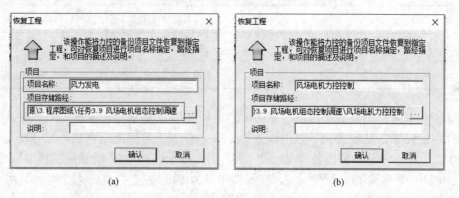

图 3-45　力控工程恢复
(a) 项目恢复名称；(b) 修改后名称

恢复完成后见图 3-46，可以看到上面的项目名称重命名和任务文件夹下加子文件夹的作用，应用名称改变成"风力点击力控控制"，所在路径不是任务文件夹，而是专门在任务所在文件夹下专门新建一个存放力控程序的子文件夹"风力电机力控控制"。

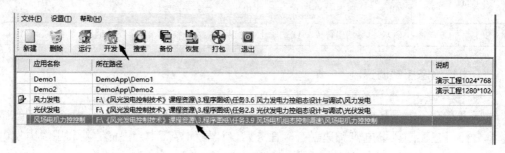

图 3-46　力控工程恢复后进行开发

以上在新建工程中详细讲解了如何利用现有工程直接修改，当然有的人认为直接把风力底下的风力发电力控程序的文件夹直接拷贝过来，然后修改文件夹名称，这样做文件夹是有了，但是利用搜索定位到该文件夹后，导入进来力控里面的应用名称还是"风力发电"，不是需要的新名称，因此上述备份和恢复对于日常程序备份十分有用的同时，还可以实现利用现有工程，产生新的应用。

2. 添加设备

双击"I/O 设备"，选择"变频器→西门子→MICROMASTER（USS 协议）"，弹出图 3-47 所示对话框，设置变频器地址和上面参数设置一样的地址为 3。单击下一步，设置工控机上和变频器通信的端口，这里和风力 PLC 共用一个 485 通信口，即 COM2（地址风力 PLC 为 2，变频器为 3），两者的通信参数一样，波特率 9600bps，偶校验，数据位为 8，停止位 1。

单击下一步，PZD 数据个数按照默认 2，单击完成。即完成力控中变频器的设备添加。

3. 添加变量

工控机对变频器的控制主要是通过对变频器的 PZD 区域（过程数据区）的设置和读取

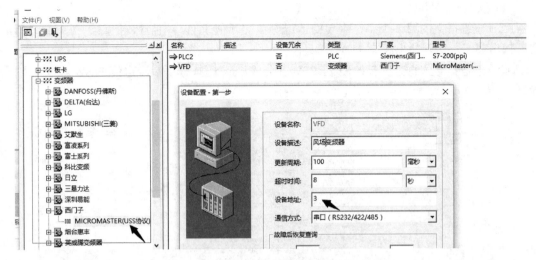

图 3-47 变频器力控设备添加

来实现控制和状态监控。PZD（过程数据）区的结构如表 3-7 所示。

表 3-7   **PZD（过程数据）区的结构**

通信数据流向	PZD1	PZD2	PZD3	PZD4	报文类型
主站（如工控机）→MICROMASTER4	STW	HSW	HSW2	STW2	任务报文
MICROMASTER4→主站（如工控机）	ZSW	HIW	ZSW2	HIW2	应答报文

根据上一步设置，PZD 任务报文的数据个数为 2，因此只涉及 STW 和 HSW；对应的应答报文也只有 ZSW 和 HIW 两个。任务报文为主站写给变频器，应答报文则是主站从变频器读取，下面一一介绍。

（1）变频器的控制字 STW。

PZD 任务报文的第 1 个字是变频器的控制字 STW，STW 是主站（如工控机）→MICROMASTER4（变频器），工控机等主站通过设置 STW 中的控制位来控制电机的运行参数。本任务中除位 07～位 09、位 11～位 15 设置为 0，其余均设为 1，具体参考 STW 表格中各位设定含义。控制字 STW 为可读可写。

（2）变频器的状态字 ZSW。

PZD 应答报文的第 1 个字是变频器的状态字 ZSW，ZSW 是 MICROMASTER4（变频器）→主站（如工控机），ZSW 用来指示变频器当前的运行状态：比如准备是否就绪、正在运行、故障、报警、变频器过载、电机过载、到达最大频率、正向运行等。状态字 ZSW 为只读。

ZSW 是访问级 3 的参数，所以，P0003 必须设置为 3，以便访问这些参数。

（3）主设定值 HSW。

PZD 任务报文的第 2 个字是主设定值 HSW，工控机的频率就是通过这个控制字给变频器。如果 P2009 设置为 0，数值是以十六进制数的形式发送；如果 P2009 设置为 1，数值是以绝对十进制数的形式发送。主设定值 HSW 为可读可写。

（4）实际输出频率 HIW。

PZD 应答报文的第 2 个字是主要的运行参数实际值 HIW。通常，把它定义为变频器的实际输出频率。实际输出频率 HIW 为只读。

本任务需要定义的变量有控制字 STW（分成 16 个位）、频率设定值 HSW 和实际输出频率 HIW 三个。添加变量，如图 3 - 48 所示。

NAME [点名]	DESC [说明]	%IOLINK [I/O 连接]	%HIS [历史参数]
A0		PV=VFD:PZD区：控制字(STW)Bit0: On(斜坡上升)Off10)斜坡下降	
A1		PV=VFD:PZD区：控制字(STW)Bit1: Off2:按惯性自由停车	
A2		PV=VFD:PZD区：控制字(STW)Bit2: Off3:快速停车	
A3		PV=VFD:PZD区：控制字(STW)Bit3: 脉冲使能	
A4		PV=VFD:PZD区：控制字(STW)Bit4: 斜坡函数发生器(PFG)使能	
A5		PV=VFD:PZD区：控制字(STW)Bit5: RFG开始	
A6		PV=VFD:PZD区：控制字(STW)Bit6: 设定值使能	
A7		PV=VFD:PZD区：控制字(STW)Bit7: 故障确认	
A8		PV=VFD:PZD区：控制字(STW)Bit8: 正向点动	
A9		PV=VFD:PZD区：控制字(STW)Bit9: 反向点动	
A10		PV=VFD:PZD区：控制字(STW)Bit10: 由PLC进行控制	
A11		PV=VFD:PZD区：控制字(STW)Bit11: 设定值反向	
A12		PV=VFD:PZD区：控制字(STW)Bit12: 保留	
A13		PV=VFD:PZD区：控制字(STW)Bit13: 用电动电位计(MOP)升速	
A14		PV=VFD:PZD区：控制字(STW)Bit14: 用MOP降速	
A15		PV=VFD:PZD区：控制字(STW)Bit15: 本机/远程控制	
SET		PV=VFD:PZD区：频率设定值(HSW)0 0	PV=1.000%
SJ		PV=VFD:PZD区：实际输出频率(HIW)0 0	PV=1.000%

图 3 - 48　变频器力控变量添加

其中 A0~A15 的设置如图 3 - 49 所示，关联的是变频器 PZD 区控制字 STW 的 bit0~bit15。

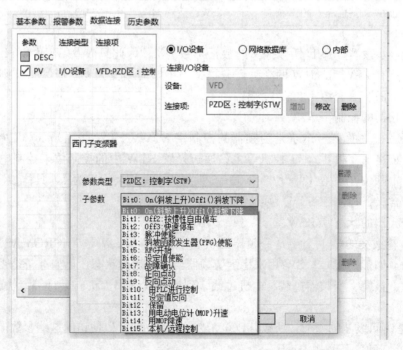

图 3 - 49　变频器力控变量 A0~A15 添加的数据连接

SET（设定值变量）和 SJ（实际值变量）关联的是 HSW 和 HIW，分别如图 3 - 50 的左图和右图所示。这两个变量的地址偏移和下标均设为 0，数据格式均设为 32 位浮点数。

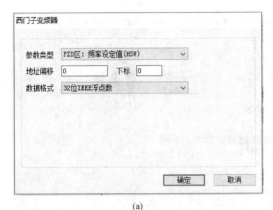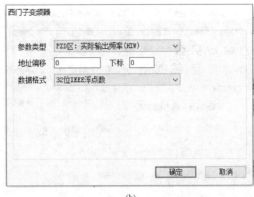

(a)　　　　　　　　　　　　　　　(b)

图 3 - 50　变频器力控变量 HSW 和 HIW 添加的数据连接
（a）频率设定值 HSW 关联；（b）实际输出值 HIW 关联

4. 界面设计

风场电机力控组态控制在风力发电的运动控制基础上进行开发，界面设计在风力风场运动和尾翼偏航恢复的控制和状态监控的界面右侧，主要有设定频率、实际频率等两个数值和启动、停止两个开关量按钮，如图 3 - 51 所示。

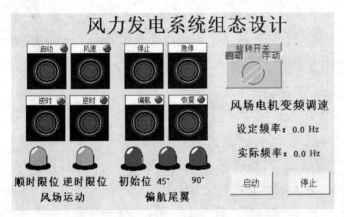

图 3 - 51　风场电机力控组态控制界面设计

5. 关联变量

其中设定频率和 SET 关联，实际频率和 SJ 关联。启动和停止需要脚本编写，详见下一步。

6. 编写脚本

（1）进入窗口初始化脚本。如图 3 - 52 所示，通过菜单"特殊功能"→"动作"→"窗口"，进入窗口时的初始化脚本编写，也即程序运行时，进入风力发电界面，先要执行一遍变频器的初始化。

进入窗口初始化脚本如图 3 - 53 所示，初始化时，STW 的第 00 位（即 A0）必须赋值等于 0，这样开机时不会运行。

（2）启动脚本：双击启动按钮，出现对话框单击左键，在"释放鼠标"中进行脚本编写，如图 3 - 54 所示，变频器以 50Hz 启动运行。

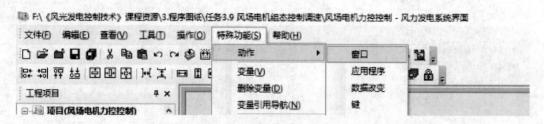

图 3-52　进入窗口初始化脚本

图 3-53　进入窗口初始化脚本代码

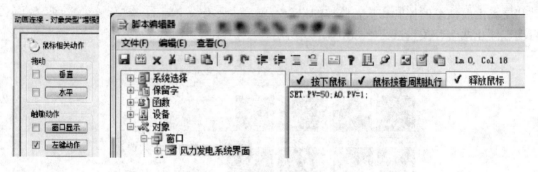

图 3-54　启动按钮脚本代码

（3）停止脚本：双击停止按钮，出现对话框单击左键，在"释放鼠标"中进行脚本编写，如图 3-55 所示，变频器停止运行（0Hz）。

图 3-55　停止按钮脚本代码

7. 运行调试

单击运行图标，进入运行，当进入窗口时，变频器 STW 参数除了 A0＝0，其余均按控制字含义设置完毕，按下启动按键，变频器以 50Hz 运行，按下停止按钮，变频器停止运行。在按下启动按钮期间，可以通过设定频率输入设定频率值，变频器将运行到该频率。以上控制期间，输出频率显示变频器的实时频率。

任务小结

采用工控机进行风场电机的组态控制，需要将工控机的 485 通信口的 A、B 接到变频器的 P＋和 N－。

工控机要对变频器进行控制，需要先对变频器进行参数设置，特别是通信地址等通信参数的设置，需要进入专家级访问来设置。

工控机对变频器的控制和状态显示是通过对变频器的控制字 STW（分成 16 个位）、频率设定值 HSW 和实际输出频率 HIW 等三个变量的写入和读取实现。

力控组态控制变频器的软件设计中，需要编写脚本，包括进入窗口的初始化、启动、停止等几个部分的脚本。

任务自测

1. 工控机对风场电机进行组态控制调速的硬件如何接线？
2. 工控机对风场电机进行组态控制时变频器如何设置？
3. 如何进行风场电机进行力控组态设计？需要注意哪些问题？

任务九　风力发电变桨偏航控制硬件接线

任务目标

风力发电变桨偏航控制硬件接线

小型风力发电机没有变桨机构，在高速时必须依靠被动失速来调节转速。中大型风力发电机则采用变桨机构根据风速大小，来控制叶片的角度，使风机在低风速时可以获得电能；当风速高于额定风速时，叶片桨距角大幅增加以改变攻角、诱导失速，截获到固定大小的风能。

偏航又称为对风装置，与上述的国赛和一体化教学设备中的小型风力发电机的偏航不是一个概念（国赛和一体化教学设备的偏航指的是：风速过大时候尾翼偏转指定角度，此时风机靠失速来调节转速）。实际中大型风力发电机的偏航是风力发电机根据风向信号进行对风，使得风力发电机获得最大的风能。

变桨和偏航控制方式一般可以分为电机控制和液压控制两种。本任务和任务十一是在省赛实训平台上进行风力发电变桨偏航控制的电动控制模拟。

本任务主要进行风力发电变桨偏航控制硬件接线训练，主要达到以下目标：

(1) 理解风力发电变桨偏航控制的基本原理；
(2) 理解风力发电变桨偏航控制的硬件接线原理；
(3) 学会风力发电变桨偏航控制的硬件接线。

任务要求

在省赛实训平台的变桨偏航系统进行电动控制变桨和偏航的模拟，按照表 3-8 的 I/O 接线表进行硬件接线。为任务十进行变桨偏航的软件设计奠定基础。

序号	IO 口	功能	序号	IO 口	功能
				变桨偏航的 I/O 接线表	

表 3 - 8 变桨偏航的 I/O 接线表

序号	IO 口	功能	序号	IO 口	功能
1	I0.0	变桨编码器 A	7	Q0.0	变桨脉冲
2	I0.1	变桨编码器 B	8	Q0.1	偏航脉冲
3	I0.3	变桨校验 0	9	Q0.2	变桨方向
4	I0.4	偏航校验 0	10	Q0.3	偏航方向
5	I0.6	偏航编码器 A		1M	0V
6	I0.7	偏航编码器 B		1L	+24V

任务实施

一、风力发电变桨偏航控制的基本原理

中大型风力发电机分别采用变桨机构和偏航机构实现变桨距和对风。变桨和偏航在风力发电机中位置和结构的示意图分别见图 3 - 56 （a）和图 3 - 56 （b），变桨根据风速来控制叶片相对旋转平面的位置角度，偏航根据风向来进行对风，变桨偏航起到保护电机并使发电效率最大化的作用。

（1）变桨控制装置：由电子控制器通过风速仪来测量风速，然后借助电动机转动控制叶片相对于旋转平面的位置角度。变桨控制的叶片旋转角度范围为 0°～90°。0°时，叶片旋转最快，90°时平行于风，发电效率最低。

图 3 - 56 风力发电变桨和偏航控制示意图
（a）变桨；（b）偏航

（2）偏航控制装置：由电子控制器通过风向标来测量风向，然后借助电动机转动机舱，以使转子正对着风，偏航的角度范围为 0°～360°。

二、风力发电变桨偏航控制的硬件接线

1. 实训平台模拟变桨偏航介绍

为了模拟风力发电的变桨和偏航两个重要概念，本任务采用省赛实训平台的变桨偏航系统（见图 3 - 57）进行电动控制变桨和偏航的模拟。

（1）模块 3——变桨偏航模块：采用两个步进电机作为变桨偏航的电动控制执行器，两个步进电机均加装编码器进行转角反馈，用于转角的闭环控制；A+、A—、B+、B—为步进电机的四个控制线，A、B 为编码器输出；同时模块上方设计了两个校零按钮，用于实现校零。

（2）模块 D——风速模拟机构：采用可调电阻控制一个吹风电机风力大小，通过风速仪输出对应于风速的模拟量信号。

（3）模块 6——步进电机控制模块：两个步进电机驱动器分别用来接收 PLC 控制信号，从而控制步进电机转动；偏航控制可调电阻用来模拟风向标，0～5V 信号模拟 0°～360°风

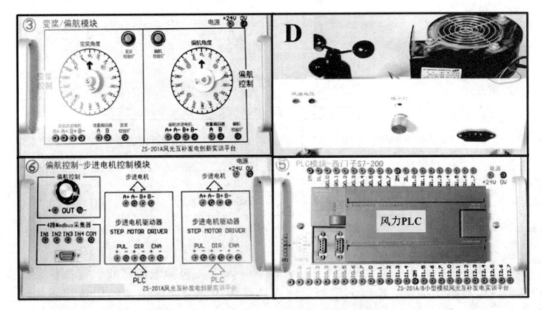

图 3 - 57　省赛设备的风力发电变桨和偏航模拟部分

向；4 路 Modbus 采集器的两路接入风速和风向模拟量信号，将模拟量转换成数字量，然后 PLC 通过 Modbus 通信协议读取采集器的风速和风向信号。Modbus 采集器和 PLC 的通信线制作根据图 3 - 58 中的对应连接关系进行制作。

（4）模块 5——风力 PLC 模块：和光伏模块一样，这里风力 PLC 通过 485 通信方式读取 4 路 Modbus 采集器中的风速和风向信号，控制步进电机驱动器，进而分别用来进行控制变桨步进电机和偏航步进电机的运动。

实训平台模拟风力发电变桨偏航的大致过程：风力 PLC 通过 Modbus 采集器采集风速和风向信号，通过运算后发出信号控制步进电机驱动器，驱动变桨偏航两个步进电机模拟变桨运动和偏航运动；同时运动角度通过编码器反馈给 PLC，进行闭环控制。

2. 实训平台模拟变桨偏航的硬件接线原理

实训平台模拟变桨偏航的硬件接线 I/O 接线表如表 3 - 8 所示，表中 I0.0 和 I0.1 为高速计数输入 0，I0.6 和 I0.7 为高速计数输入 1，Q0.0 和 Q0.1 为脉冲输出口。

实训平台模拟变桨偏航的硬件接线原理框图如图 3 - 58 所示，风速和风向的电压模拟量信号接到 4 路模拟量采集器，PLC 通过 RS485 口通信读取采集器中风速和风向的数字量，计算得到风速和风向，通过 2 个步进电机驱动器驱动变桨偏航步进电机，编码器反馈旋转角度。其中，变桨和偏航控制部分具体接线如图 3 - 59 所示，PLC 部分省略。

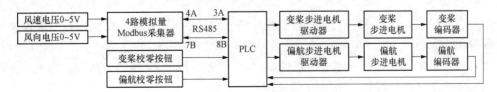

图 3 - 58　实训平台模拟变桨偏航的硬件接线原理框图

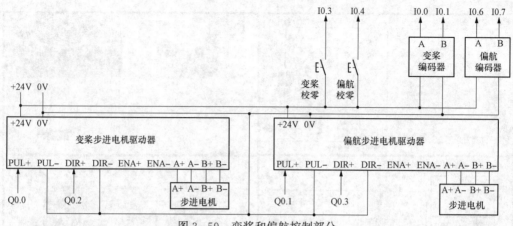

图 3-59　变桨和偏航控制部分

3. 实训平台模拟变桨偏航的硬件接线

实训平台模拟变桨偏航的硬件接线见图 3-60，主要包括电源接线、模拟量采集接线、步进电机驱动接线、校零和编码器输入接线等四部分。图中接线标号相同的线接到一起。

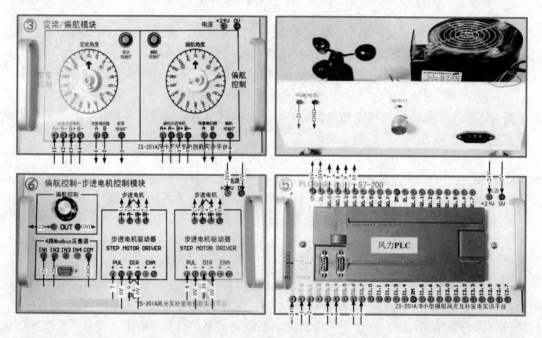

图 3-60　实训平台模拟变桨偏航的硬件接线

（1）电源接线：PLC 和步进电机控制模块的 +24V 和 0V 供电，由实训台电源模块给这两个部分供电。

（2）模拟量采集接线：风速电压正极 21 和风向电压正极 22 接到 4 路 Modbus 采集器的 IN1、IN2，负极 GND 接到采集器的 COM 端。

（3）步进电机驱动接线：PLC 控制步进电机的脉冲 PUL 和方向 DIR 的正极，脉冲 PUL 和方向 DIR 的负极接 0V；PLC 输出脉冲给脉冲 PUL 正极 PUL+，用于控制步进电机转过的角度；PLC 输出高低电平给方向 DIR 正极 DIR＋，用于控制步进电机转动的方向（即正反转）。步进电机驱动器的输出 A＋、A－、B＋、B－接步进电机的 A＋、A－、B＋、B－，步进电机驱动器就是根据 PLC 的控制脉冲和控制电平来产生相应的控制信号 A＋、A－、B＋、B－给步进电机，从而实现角度和方向控制。

（4）校零和编码器输入接线：变桨和偏航分别有一个按钮用于实现初始校零；另外变桨偏航步进电机同轴分别安装了一个编码器，输出 A、B 两相给 PLC 的高速计数输入，用于反馈实际转过角度对应的脉冲数，PLC 根据脉冲数计算出实际转过角度，从而实现转角的反馈控制。

任务小结

变桨根据风速来控制叶片相对于旋转平面的位置角度，偏航根据风向来进行对风，变桨偏航起到保护电机的作用，并使发电效率最大化。

风力 PLC 通过 Modbus 采集器采集风速和风向信号，通过运算后发出信号控制步进电机驱动器，驱动变桨偏航两个步进电机模拟变桨运动和偏航运动；同时运动角度通过编码器反馈给 PLC，进行闭环控制。

任务自测

1. 简要阐述风力发电变桨的原理和作用。
2. 简要阐述风力发电偏航的原理和作用。
3. 简要描述实训平台模拟风力发电变桨偏航的大致过程。

任务十　风力发电变桨偏航控制软件设计

任务目标

风力发电变桨
偏航控制软件
设计

任务九进行了风力发电变桨偏航的原理简介及硬件接线，本任务通过风力发电变桨偏航控制的软件设计训练，达到以下目标：

（1）掌握风力发电变桨偏航控制的 PLC 程序设计与调试；
（2）掌握风力发电变桨偏航控制的力控组态设计与调试。

任务要求

要求进行 PLC 和力控组态编程和调试，通过工控机设置风力发电变桨偏航控制有如下两种工作状态。

（1）状态 1：远程手动控制状态。

要求在工控机具有变桨校验 0°和偏航校验 0°功能，校验 0°后：在工控机界面输入任意 0°～90°变桨角度后，变桨电机能够运动到达设定的角度；在工控机界面输入任意 0°～360°偏航角度后，偏航电机能够运动到达设定的角度；面板上能够实时显示偏航和变桨电机的角度。

（2）状态 2：本地自动控制状态。

进入自动状态后：调节偏航模拟的风向模拟旋钮，偏航角度（0°～360°）能够根据风向（0～5000mV 对应 0°～360°）的变化而变化；调节吹风控制旋钮，变桨角度（0°～90°）能够随风速的变化而变化，变桨角度到达 90°后保持在 90°。同时，工控机上能够实时显示风向角、风速，偏航电机的角度、变桨电机的角度。

任务实施

从风力发电变桨偏航控制任务要求可以看出来，远程控制和本地自动控制两种状态需要 PLC 和力控组态程序之间相协调，才能够实现。

一、风力发电变桨偏航控制 PLC 程序设计

1. 主程序

网络 1（见图 3-61）：PLC 上电后 SM0.0 始终为 1，即上电时候始终调用步进电机子程序，当 M0.1 或 M0.2 得电时，执行步进电机子程序的网络 1，当 M0.3 或 M0.4 得电时，执行步进电机子程序的网络 2。

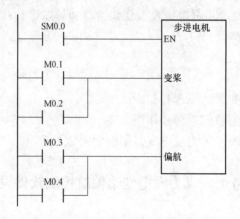

图 3-61　步进电机子程序调用

网络 2（见图 3-62）：PLC 上电后 SM0.0 始终为 1，即上电时候始终调用变桨子程序、偏航子程序和 MODBUS 子程序。

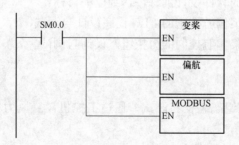

图 3-62　变桨、偏航和 Modbus 子程序调用

网络 3（见图 3-63）：SM0.1 为 PLC 上电瞬间通一个脉冲时间，因此本网络程序只执行一次，调用并执行初始化子程序 HSC_INIT 和 HSC_INIT_0，实现开机初始化变桨高速计数器 HSC0（子程序 HSC_INIT）和偏航高速计数器 HSC1（子程序 HSC_INIT_0）。

网络 4（见图 3-64）：校零等高速计数器清零程序。

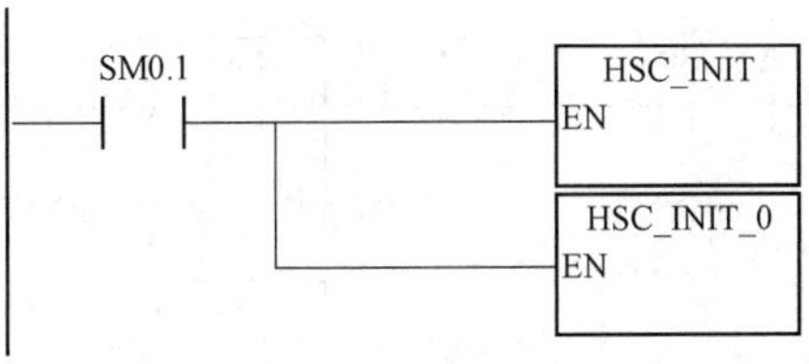

图 3 - 63 高速计数器 HC0 和 HC1 初始化

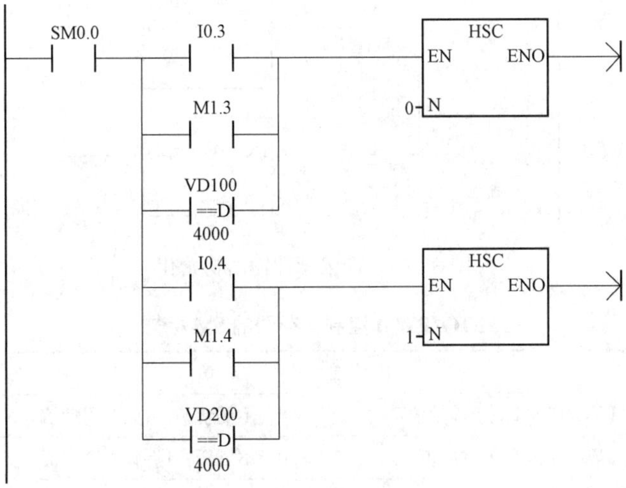

图 3 - 64 HC0 和 HC1 校零

当按下变桨校验 0 按钮 I0.3 或 M1.3（工控机上变桨校验 0 按钮）或 HC0 当前值等于 4000 时，初始化 HSC0 高速计数器 HC0 当前值为 0；当按下偏航校验 0 按钮 I0.4 或 M1.4（工控机上偏航校验 0 按钮）或 HC1 当前值等于 4000 时，初始化 HSC1 高速计数器 HC1 当前值为 0。

2. 步进电机子程序

步进电机子程序包含网络 1 的变桨步进电机的脉冲输出控制程序和网络 2 的偏航步进电机的脉冲输出控制程序。变桨控制脉冲和偏航控制脉冲均采用 PLC 的专门的 PWM 脉冲输出端口（这里用到 Q0.0 和 Q0.1）输出 PWM 脉冲。

网络 1（见图 3 - 65）：变桨步进电机控制的脉冲输出控制程序。

每个扫描周期从 Q0.0 输出 1 个脉冲的周期为 10ms 的控制脉冲给变桨步进电机驱动器的 PUL＋，从而通过步进电机驱动器控制变桨步进电机旋转一个步进角（步进角指每个控制脉冲下步进电机旋转的角度）。

第一行：设置 PTO/PWM 输出的模式，变桨控制脉冲采用 Q0.0，因此通过设置对应的控制字寄存器 SMB67 来进行该端口 PTO/PWM 输出脉冲模式控制，偏航采用 Q0.1，因此对应控制字寄存器为 SMB77。表 3 - 9 为 PTO/PWM 控制寄存器 SMB67 和 SMB77 对应的 8 位 SM 标志位含义。表 3 - 10 是控制字节设置值对应的脉冲输出类型（表中 16＃表示 16 进制）。

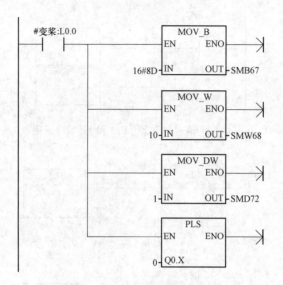

图 3-65 变桨脉冲输出初始化

表 3-9 PTO/PWM 控制寄存器的 SM 标志

Q0.0	Q0.1	控制字节		程序设置值
SM67.0	SM77.0	PTO/PWM 更新周期值	0=不更新；1=更新周期值	1=更新周期值
SM67.1	SM77.1	PWM 更新脉冲宽度值	0=不更新；1=脉冲宽度值	0=不更新
SM67.2	SM77.2	PTO 更新脉冲数	0=不更新；1=更新脉冲数	1=更新脉冲数
SM67.3	SM77.3	PTO/PWM 时间基准选择	0=1μs/格，1=1ms/格	1=1ms/格
SM67.4	SM77.4	PWM 更新方法	0=异步更新；1=同步更新	0=异步更新
SM67.5	SM77.5	PTO 操作	0=单段操作；1=多段操作	0=单段操作
SM67.6	SM77.6	PTO/PWM 模式选择	0=选择 PTO；1=选择 PWM	0=选择 PTO
SM67.7	SM77.7	PTO/PWM 允许	0=禁止；1=允许	1=允许

表 3-10 PTO/PWM 控制字节参考

控制寄存器（十六进制）	执行 PLS 指令的结果							
	允许	模式选择	PTO 段操作	PWM 更新方法	时基	脉冲数	脉冲宽度	周期
16#81	YES	PTO	单段		1μs/周期			装入
16#84	YES	PTO	单段		1μs/周期	装入		
16#85	YES	PTO	单段		1μs/周期	装入		装入
16#89	YES	PTO	单段		1ms/周期			装入
16#8C	YES	PTO	单段		1ms/周期	装入		
16#8D√	YES	PTO	单段		1ms/周期	装入		装入
16#A0	YES	PTO	多段		1μs/周期			
16#A8	YES	PTO	多段		1ms/周期			
16#D1	YES	PWM		同步	1μs/周期			装入

续表

控制寄存器（十六进制）	执行 PLS 指令的结果							
	允许	模式选择	PTO 段操作	PWM 更新方法	时基	脉冲数	脉冲宽度	周期
16♯D2	YES	PWM		同步	1μs/周期		装入	
16♯D3	YES	PWM		同步	1μs/周期		装入	装入
16♯D9	YES	PWM		同步	1ms/周期			装入
16♯DA	YES	PWM		同步	1ms/周期		装入	
16♯DB	YES	PWM		同步	1ms/周期		装入	装入

　　程序中控制寄存器 SMB67 设置成 16♯8D，可以从表 3 - 10 看出 Q0.0 设置为 PTO（脉冲串操作）模式，时基为 1ms/周期。

　　这里讲解一下脉冲串操作（PTO）：PTO 按照给定的脉冲个数和周期输出一串方波（占空比 50%），如图 3 - 66 所示。PTO 可以产生单段脉冲串或者多段串（使用脉冲包络）。可以指定脉冲数和周期（以微秒或毫秒为增加量）。

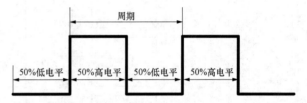

图 3 - 66　脉冲串操作（PTO）示意图

　　第二行：SMW68＝10，设置 PTO/PWM 周期值 10ms，具体含义如下。

　　表 3 - 11 为 PTO/PWM 常用控制字列表，第一行已经设置了控制寄存器，还有周期值和脉冲数位 PTO/PWM 输出中需要设置的。

表 3 - 11　　　　　　　　　　　PTO/PWM 常用控制字列表

Q0.0	Q0.1	寄存器含义
SMB67	SMB77	PTO/PWM 控制寄存器，控制 PTO/PWM 的模式
SMW68	SMW78	PTO/PWM 周期值（范围为 2 到 65535）
SMW70	SMW80	PWM 脉冲宽度值（范围为 0 到 65535）
SMD72	SMD82	PTO 脉冲计数值（范围为 1 到 4，294，967，295）
SMB166	SMB176	进行中的段数（仅用在多段 PTO 操作中）
SMW168	SMW178	包络表起始位置，用从 V0 开始的字节偏移表示，仅用在多段 PTO 操作中
SMB170	SMB180	线性包络状态字节
SMB171	SMB181	线性包络结果寄存器
SMD172	SMD182	手动模式频率寄存器

　　周期值范围为 10～65535μs（时基为 1μs 时）或者 2～65535ms（时基为 1ms 时）。

　　第三行：SMD72 ＝ 1，设置 PTO/PWM 脉冲数为 1。脉冲个数设置范围为 1～4294967295。

　　通过以上设置：每个扫描周期从 Q0.0 输出周期为 10ms 的控制脉冲给变桨步进电机驱动器的 PUL＋，从而通过步进电机驱动器控制步进电机旋转一个步进角。

　　网络 2（见图 3 - 67）：偏航步进电机控制的脉冲输出控制程序。网络 2 的设置和网络 1

类似，只是 Q0.1 输出，因此对应的寄存器编号不同，具体见表 3-9～表 3-11。

3. 变桨子程序

网络 1：变桨步进电机的编码器输出 A、B 接到 PLC 的高速脉冲输入 0（HC0，对应输入端为 I0.0 和 I0.1），本网络实现将 HC0 高速脉冲输入的变桨编码器脉冲数 HC0 转换为当前实际角度 VW140。如图 3-68 所示。

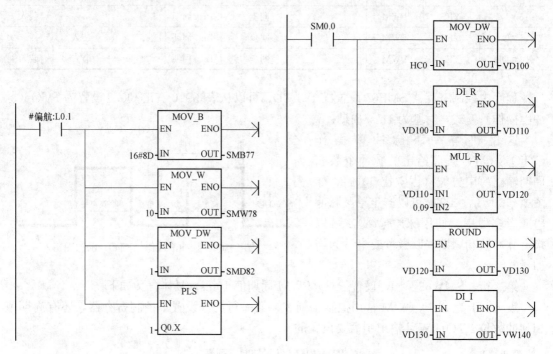

图 3-67　偏航脉冲输出初始化　　　　　　　图 3-68　变桨实际角度

本任务采用的编码器一圈 1000 个脉冲，由于高速计数输入设置为 4 倍率，所以一圈 1000×4＝4000 个脉冲，每个脉冲对应的角度为 360/4000＝0.09，根据高速计数脉冲计算角度应该乘以该系数。

第一行：MOV_DW，双字传送，将高速脉冲输入的变桨编码器脉冲数 HC0 传给 VD100。

第二行：DI_R，双整数（DINT）转为浮点数（实数 REAL），将 VD100 转换成浮点数给 VD110，为下一行浮点运算做准备。

第三行：MUL_R，浮点数（实数 REAL）乘法，VD110 乘以系数 0.09，将脉冲数转换成角度值 VD120（仍然为浮点数）。

第四行：ROUND，浮点数四舍五入求整，将浮点数的角度值求整存入 VD130。

第五行：DI_I，双整数（DINT）转为整数（INT），将双整数的角度值 VD130 转成单整数的角度值 VD140。

网络 2（见图 3-69）：VW0 为通过 MODBUS 协议从模拟量采集器读取出来 CH0 的风速模拟量（第 1 个字），VW20 为转换成的角度。这里由于读取的 VW0 读数值为 0～5000（单位为 mV）对应 0°～360°，因此系数为 360/5000＝0.072。

网络 3（见图 3-70）：工控机上按下变桨启动按钮 M5.4，进入本地自动控制状态，变

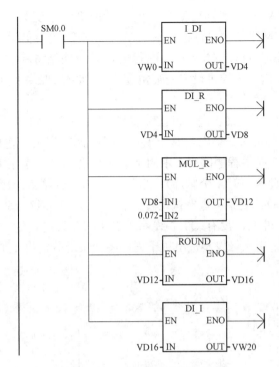

图 3-69 风速模拟量转换为角度

桨角度（0°～90°）能够随风速的变动而变动，当风速超过一定值后，变桨角度固定在90°（见网络5）。

　　网络3中是将VW20（网络2中计算出来的当前风速对应变桨角度值）与编码器对应的实际转过角度值比较，当VW20＞VW140（实际变桨角度值＜风速对应变桨角度值），此时需要正转（M2.1线圈得电，对应网络5中进行正转），VW20＜VW140（实际变桨角度值＞风速对应变桨角度值），此时需要反转（M2.2线圈得电，对应网络6中进行反转），当VW20＝VW140（实际变桨角度值＝风速对应变桨角度值），此时M2.0线圈得电，将上面正反转的M2.1和M2.2断开，停止正/反转。

　　网络4（见图3-71）：工控机上再按下变桨启动按钮M5.4，远程手动控制状态，在工控机界面输入任意0°～90°变桨角度（关联变量VW22）后，变桨电机能够运动到达设定的角度。

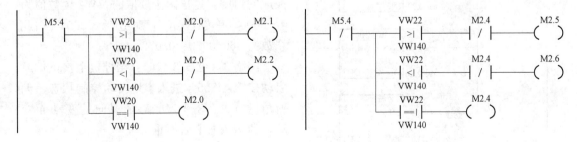

图 3-70 变桨实际角度和风速角度比较　　　　　图 3-71 变桨实际角度和设定角度比较

　　网络4中是将VW22（工控机上输入的要求变桨角度值）与编码器对应的实际转过角度

值比较，当 VW22＞VW140（实际变桨角度值＜工控机设定变桨角度值），此时需要正转（M2.5 线圈得电，对应网络 5 中进行正转）；VW22＜VW140（实际变桨角度值＞工控机设定变桨角度值），此时需要反转（M2.6 线圈得电，对应网络 6 中进行反转）；当 VW22＝VW140（实际变桨角度值＝工控机设定变桨角度值），此时 M2.4 线圈得电，将上面正反转的 M2.5 和 M2.6 断开，停止正/反转。

网络 5（见图 3-72）：变桨步进电机正转控制。M2.1 和 M2.5 为网络 3、4 中要求变桨电机正转，此时 M0.2 和 Q0.2 得电，其中 Q0.2 用以控制变桨步进电机驱动器的 DIR＋，高电平表示正转；M0.2 在主程序网络 1 中用来触发步进电机子程序中变桨部分输出 1 个控制脉冲（Q0.2＝1，因此是正转 1 个脉冲）；当到达 90°时或者继续增大，保持在 90°。

网络 6（见图 3-73）：变桨步进电机反转控制。M2.2 和 M2.6 为网络 3、4 中要求变桨电机反转，此时 M0.1 得电，没有 Q0.2 线圈因此 Q0.2 失电，Q0.2 口低电平表示反转；M0.1 在主程序网络 1 中用来触发步进电机子程序中变桨部分输出 1 个控制脉冲（Q0.2＝0，因此反转 1 个脉冲）。

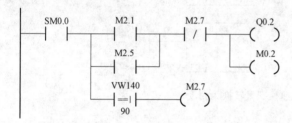

图 3-72　变桨实际角度小正转

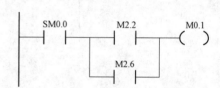

图 3-73　变桨实际角度大反转

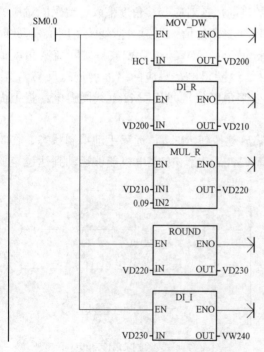

图 3-74　偏航实际角度

4. 偏航子程序（跟变桨子程序动作类似）

网络 1（见图 3-74）：偏航步进电机的编码器输出 A、B 接到 PLC 的高速脉冲输入 1（HC1，对应输入端为：I0.6 和 I0.7），本网络实现将 HC1 高速脉冲输入的变桨编码器脉冲数 HC1 转换为当前实际角度 VW240。

网络 2（见图 3-75）：VW2 为通过 MODBUS 协议从模拟量采集器读取出来 CH1 的风向模拟量（第 2 个字），VW50 为转换成的角度。这里由于读取的 VW2 读数值为 0～5000（单位为 mV）对应 0°～360°，因此系数为 360/5000＝0.072。

网络 3（见图 3-76）：工控机上按下偏航启动按钮 M5.5，进入本地自动控制状态，偏航角度（0°～360°）能够随风向的变动而变动，到达风向值后停止。

网络 4（见图 3-77）：工控机上再按下偏航启动按钮 M5.5，远程手动控制状态，在工

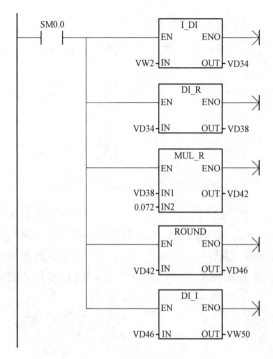

图 3-75　风向模拟量转换为角度

控机界面输入任意 0°~360°偏航角度（关联变量 VW52）后，偏航电机能够运动到达设定的角度。

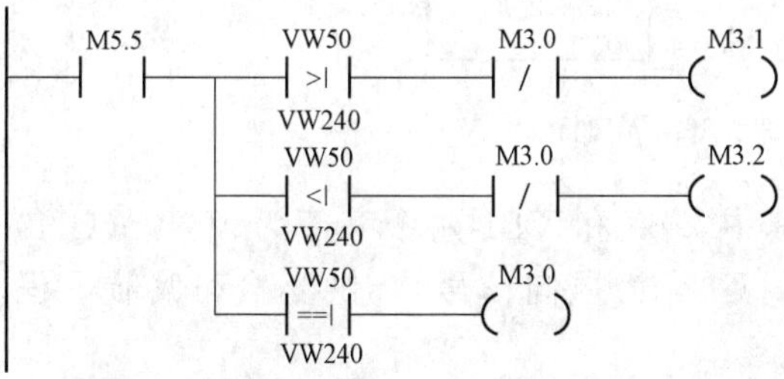

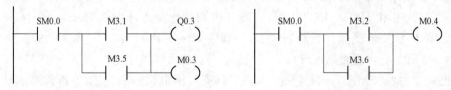

图 3-76　偏航实际角度和风向角度比较 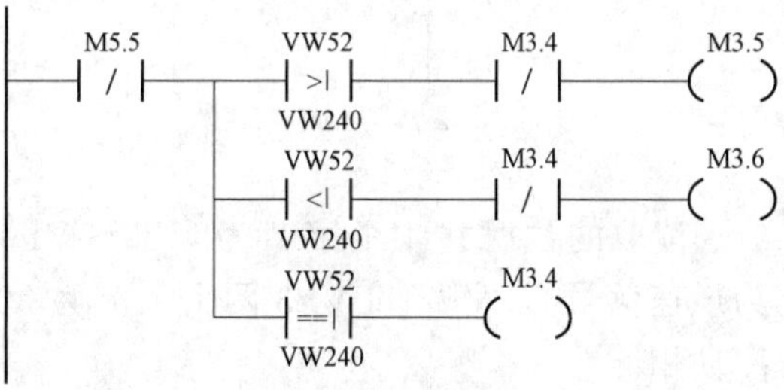　　　　　　图 3-77　偏航实际角度和设定角度比较

网络 5（见图 3-78）和网络 6（见图 3-79）对应偏航的偏航正反装控制，和变桨中类似。不同的是偏航没有到达 90°就保持，而是随着风向（0°~360°）而变化，从而实现对风。

图 3-78　偏航实际角度小正转　　　　　　　图 3-79　偏航实际角度大反转

5. MODBUS 子程序

本子程序所调用子程序前必须先安装对应的 Modbus 库，在编程软件中方可调用。

网络 1（见图 3-80）：设置 MODBUS 协议参数，波特率 9600bps，无校验，超时时间

1000ms，完成标记 M1.0，错误状态 SB0。

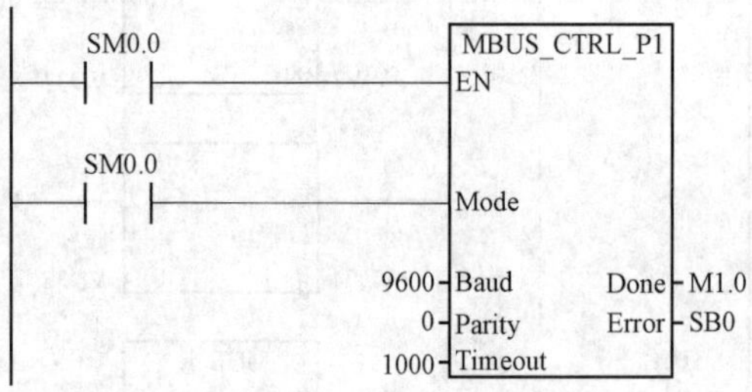

图 3 - 80　Modbus 通信初始化

　　网络 2（见图 3 - 81）：西门子 PLC 中的 SM0.5 是特殊存储器标志位。该位提供了一个时钟脉冲，0.5s 为 1，0.5s 为 0，周期为 1s，因此采集模拟量的刷新周期为 1s，Slave＝1 从站地址 1，RW＝0 表示读取（RW＝1 表示写入），MODBUS 地址 30001（其中 3 表示采集模拟量，0001 是首地址），采集模拟量的个数 4 个字，数据指针 VB0，完成标记 M1.1，错误状态 SB1。

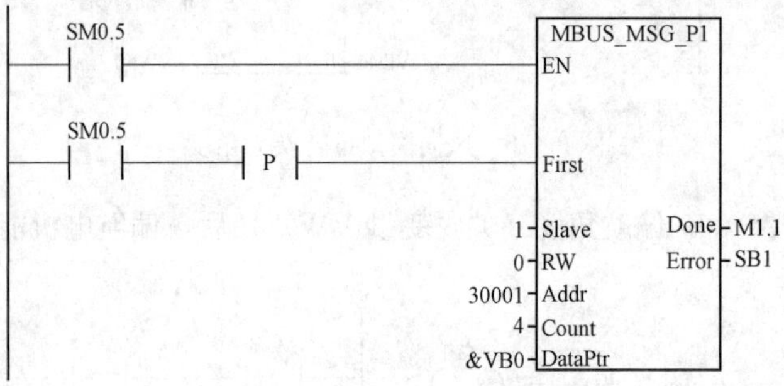

图 3 - 81　读取采集器中风速和风向

　　读取的数据共 4 个字节为 VB0～VB3，其中 VB0 和 VB1 两个字节为 VW0（CH0 为风速信号），VB2 和 VB3 两个字节为 VW2（CH1 为风向信号），供变桨和偏航子程序使用。

　　MODBUS 子程序完成后通信参数的设置，并读取采集器中前两个通道的风速和风向数据共 2 个字（4 个字节）到 PLC 的 VW0 和 VW2 中供变桨和偏航子程序中使用。

　　6. HSC＿INIT 程序——初始化 HSC0 高速计数器（变桨步进电机编码器输入）

　　主程序的网络 3 中 SM0.1 为 PLC 上电瞬间通一个脉冲时间，调用并执行一次初始化子程序 HSC＿INIT 和 HSC＿INIT＿0，实现开机初始化高速计数器 HSC0（子程序 HSC＿INIT，见图 3 - 82）和高速计数器 HSC1（子程序 HSC＿INIT＿0，见图 3 - 83）。

　　图 3 - 82 第一行：设置高速计数器的控制字节，HC0 对应控制字节为 SMB37（1 个字节 8 位），见表 3 - 12。SMB37＝16♯F8，其意义从高位到低位分别是 HC0 准许高速计数、准许改变当前值、准许改变设定值、准许改变计数方向、计数方向为增计数、倍率为 4 倍率（提高分辨率）、复位输入控制电平为高电平有效。HC1 对应控制字为 SM47，其余高速计数器对应控制字见表 3 - 12。

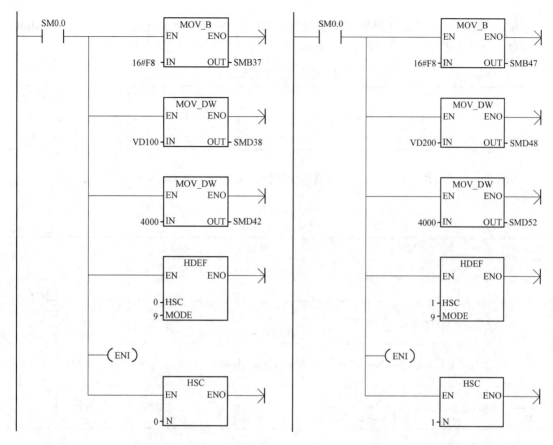

图 3 - 82　变桨高速计数器 HSC0 初始化　　　图 3 - 83　偏航高速计数器 HSC1 初始化

表 3 - 12 高数计数器的控制字节

HC0 I0.0/I0.1	HC1 I0.6/I0.7	HC2	HC3	HC4	HC5	描述
SM37.0	SM47.0	SM57.0	—	SM147.0	—	复位输入控制电平有效值: 0=高电平有效; 1=低电平有效
—	SM47.1	SM57.1	—	—	—	启动输入控制电平有效值: 0=高电平有效; 1=低电平有效
SM37.2	SM47.2	SM57.2	—	SM147.2	—	倍率选择: 0=4倍率; 1=1倍率
SM37.3	SM47.3	SM57.3	SM137.3	SM147.3	SM157.3	计数方向控制: 0为减 1为增
SM37.4	SM47.4	SM57.4	SM137.4	SM147.4	SM157.4	改变计数方向控制: 0=不改变; 1=准许改变
SM37.5	SM47.5	SM57.5	SM137.5	SM147.5	SM157.5	改变设定值控制: 0=不改变; 1=准许改变
SM37.6	SM47.6	SM57.6	SM137.6	SM147.6	SM157.6	改变当前值控制: 0=不改变; 1=准许改变
SM37.7	SM47.7	SM57.7	SM137.7	SM147.7	SM157.7	高速计数控制: 0=禁止计数; 1=准许计数

第二、三行：变桨编码器的当前值设置 VD100→SMD38，设定值设置 4000→SMD42（4 倍率，因此一圈为 4000 个脉冲）。高速计数器的当前值和设定值，见表 3-13。

表 3-13　　　　　　　　　　　　高速计数器的当前值和设定值

HC0	HC1	HC2	HC3	HC4	HC5	说明
SMD38	SMD48	SMD58	SMD138	SMD148	SMD158	新当前值
SMD42	SMD52	SMD62	SMD142	SMD152	SMD162	新设定值

第四行：设置 HC0 的工作模式为 A、B 双向正交计数，A 超前 B，增计数。HC0 的工作模式见表 3-14。

表 3-14　　　　　　　　　　　　HC0 的工作模式

模式	描述		控制位	I0.0	I0.1	I0.2
0	内部方向控制的单向增/减计数器		SM37.3=0，减	脉冲		
1			SM37.3=1，增			复位
3	外部方向控制的单向增/减计数器		I0.1=0，减	脉冲	方向	
4			I0.1=1，增			复位
6	增/减计数脉冲输入控制的双向计数器		外部输入控制	增计数脉冲	减计数脉冲	
7						复位
9	A/B 相正交计数器	A 超前 B，增计数	外部输入控制	A 相脉冲	B 相脉冲	
10		B 超前 A，减计数				复位

7. HSC_INIT_0 初始化子程序——初始化 HSC1 高速计数器（偏航步进电机编码器输入）

高速计数器 1（HSC1）初始化和 HC0 类似，只是用到的相关寄存器不同，具体程序见图 3-83。

二、风力发电变桨偏航控制力控组态设计

（1）新建工程。命名工程为"风力变桨偏航力控"。

（2）添加并设置设备。添加风力发电变桨偏航控制 PLC，设置和前面光伏和风力类似。

（3）添加变量。

风力发电变桨偏航控制力控变量添加如图 3-84 所示，主要有变桨偏航远程/本地选择（M5.4 和 M5.5）、变桨偏航校零（M1.3 和 M1.4）、变桨偏航的自动控制风速和风向对应的自动控制角度值（VW20 和 VW40）、变桨偏航的远程手动设定值（VW22 和 VW42）、变桨偏航的实际角度显示值（VW140 和 VW240）。其中，VW 变量的设置如图 3-85 所示（以 V20 为例，其余类似），采用 16 位无符号整型数据格式，为一个字（两个字节）。VB 是单个字节，VW 是两个字节（如 VW0 是 VB1~VB0，VB1 为 VW0 的高 8 位，VB0 为 VW0 的低 8 位）。

（4）界面设计：设计变桨偏航控制的力控界面如图 3-86 所示。

（5）关联变量。根据变量表进行变量关联，手动设置的两个文本，数值输入和数值输出都需要关联。

（6）运行调试。连接 PLC 与工控机、PLC 与采集器，单击运行，将两个步进电机角度指针调整到 0°位置，然后单击校零按钮进行校零。

	NAME [点名]	DESC [说明]	%IOLINK [I/O连接]	
1	M54	变桨远程本地选择	PV=PLC:M	内部内存位|5|BIT|4
2	M55	偏航远程本地选择	PV=PLC:M	内部内存位|5|BIT|5
3	M13	变桨校验0	PV=PLC:M	内部内存位|1|BIT|3
4	M14	偏航校验0	PV=PLC:M	内部内存位|1|BIT|4
5	VW20	变桨自动风速角度值	PV=PLC:V	变量内存|20|US
6	VW22	变桨远程手动设定值	PV=PLC:V	变量内存|22|US
7	VW40	偏航自动风向角度值	PV=PLC:V	变量内存|40|US
8	VW42	偏航远程手动设定值	PV=PLC:V	变量内存|42|US
9	VW140	变桨实时角度	PV=PLC:V	变量内存|140|US
10	VW240	偏航实时角度	PV=PLC:V	变量内存|240|US

图 3-84　风力发电变桨偏航控制力控变量添加

将变桨或者偏航本地/远程旋钮打到本地，此时执行本地自动控制程序，旋转风向模拟电位器旋钮和风速调节旋钮，此时可以看到上位机力控界面上显示风速和风向，同时执行本地变桨和偏航自动控制程序，变桨角度和偏航角度会根据风速和风向不断改变，当变桨到 90°保持。

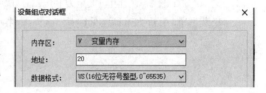

图 3-85　VW 变量设置

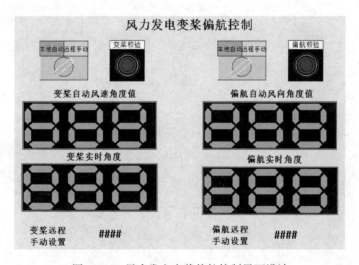

图 3-86　风力发电变桨偏航控制界面设计

将变桨或者偏航本地/远程旋钮打到远程，此时执行远程手动控制程序，在力控界面输入变桨角度或者偏航角度，此时执行远程变桨和偏航手动控制程序，变桨角度和偏航角度会按照指定的变桨或者偏航角度进行变桨或者偏航。

任务小结

风力发电变桨偏航控制的远程控制和本地自动控制两种状态需要 PLC 和力控组态程序之间相协调才能够实现。

　　风力发电变桨偏航控制的 PLC 程序分成一个主程序和六个子程序：步进电机控制子程序、变桨控制子程序、偏航控制子程序、MODBUS 子程序、HC0 初始化子程序、HC1 初始化子程序。

　　变桨偏航控制的步进电机控制需要用到 PWM 输出口，编码器反馈的脉冲信号需要采用高速计数器（HC）输入进行反馈控制。不同的 PWM 输出或者 HC 输入对应不同硬件输入输出口，软件设置上也对应不同的寄存器，使用时需要注意对应。

任务自测

1. 风力发电变桨偏航 PLC 程序设计中如何设置步进电机控制脉冲输出？
2. 风力发电变桨偏航 PLC 程序设计中如何设置编码器高速计数输入？
3. 使用 HC0～HC6 时分别对应哪些高速计数输入口？
4. 变桨或者偏航步进电机的方向控制如何实现？
5. 变桨控制里面如何实现到达 90°后保持在 90°？

项目四　风光互补发电系统综合设计与调试

项目引言

本项目主要以国赛风光互补发电系统安装与调试赛项设备平台为依托，介绍风光互补发电系统充放电系统、逆变系统原理、接线和力控组态设计，学习了打码机和示波器的使用，最后介绍了风光互补发电系统综合设计。

任务一　风光发电充放电系统安装与调试

任务目标

本任务通过风光发电充放电系统安装与调试训练，达到以下目标：
（1）理解风光发电充放电系统的回路；
（2）理解充电控制电路的 PWM 控制、过充保护、过放保护原理；
（3）学会光伏、风力系统中 DSP 控制板和信号处理板的硬件接线；
（4）学会光伏、风力、逆变系统中蓄电池充放电回路的硬件接线。

风光发电充电
系统安装与调试

任务要求

（1）在理解光伏和风力发电系统充放电系统原理的基础上，进行光伏发电系统、风力发电系统中 DSP 控制板和信号处理板的接线。
（2）在理解风光发电系统光伏、风力、逆变三部分之间充放电总回路的基础上，完成三大系统间的充放电硬件接线。

任务实施

一、风光发电系统的充放电总回路

风光发电系统包含了光伏发电系统、风力发电系统、逆变和负载系统、监控系统等四大系统。光伏和风力发电除了实时经过逆变给负载使用，多余的或者负载没有运行时，将发电充到蓄电池中，在没有风和光时，通过蓄电池的放电经过逆变系统给负载使用。

蓄电池充放电的硬件接线涉及光伏、风力和逆变三个部分，总回路如图 4-1 所示。光伏电池板和风力发电机的直流输出经过信号处理板进行信号处理，DSP 板根据采集的发电电压和电流等信号控制充电 PWM 波形，采集蓄电池电压进行过充、过放保护控制。蓄电池最后接入到升压板进行升压，然后升压后的直流电压 311V 经过逆变板逆变成交流市电220V，供逆变单元的负载使用。

二、信号处理板

由于光伏电池板输出或者风力发电机（直流）输出电压一般都超过蓄电池的充电电压，

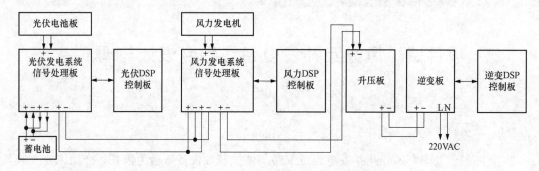

图 4 - 1　风光发电系统的充放电总回路

因此不能直接给蓄电池进行充电，必须经过充电控制电路根据发电电压的大小进行 PWM 控制，从而使充电电压保持在稳定水平，确保不会伤害蓄电池。

当蓄电池充满时，要确保断开充电回路，光伏或者风力发电不再继续对蓄电池充电，达到过充保护作用。

蓄电池通过逆变器给负载供电时，蓄电池电压不断降低，当降低到一定电压时，不能继续给负载供电，达到过放保护作用。

1. 蓄电池充电控制电路

（1）蓄电池充电控制电路示意图如图 4 - 2 所示，光伏电池由"WS＋""WS－"接入，通过改变 PWM 信号的占空比调节 VT（MOSFET，型号为 IRF2807）的导通/关断时间，输出电压经过电感 L、电容 C 滤波后给蓄电池充电。VT 输出电压的有效值大小取决于 PWM 的占空比的大小，为了保持蓄电池充电电压恒定，则当光伏电池板的发电电压比较大时，PWM 的占用比小；当光伏电池板的发电电压比较小时，PWM 的占用比大。

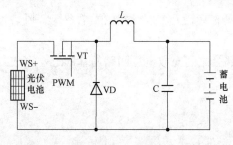

图 4 - 2　蓄电池充电控制电路示意图

（2）蓄电池充电控制电路具体电路图如图 4 - 3，下面详细讲解充电控制和过放保护原理。

蓄电池充电的 PWM 控制：采用 MOS 管 IRF2807S 及其驱动芯片 IR2110S 构成电池充放电控制电路。通过 DSP 检测光伏电池板/风力发电机发电电压，发电电压高，PWM 波形占空比小，发电电压低，PWM 波形占空比大，确保充电电压（充电电压＝发电电压×占空比）保持在 13.5V 左右。

蓄电池过充保护：当 DSP 检测蓄电池电压达到蓄电池充满阈值（13.5V）之后，DSP 输出信号 PWM 通过驱动芯片 IR2110S 控制 MOS 管断开，进入过充保护，充电电路停止工作。

2. 蓄电池过放保护电路

蓄电池放电采用继电器来构成过放保护电路（见图 4 - 4）：DSP 检测蓄电池电压，当蓄电池电压正常时，蓄电池的输出 BATOUT 通过继电器 K1 的动断触点给负载 LOAD 供电；当蓄电池电压低于过放阈值（11V）之后，DSP 输出信号 SVP 控制继电器 K1 由动断状态改为断开状态，蓄电池停止放电。

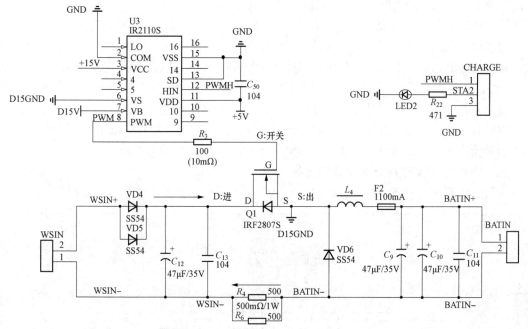

图 4 - 3　蓄电池充电控制电路图

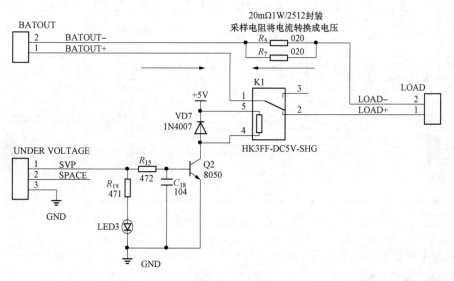

图 4 - 4　蓄电池过放保护电路图

3. 采样光伏/风力发电电流电压、蓄电池放电电流电压

信号处理板除了实现蓄电池的充电控制、过充保护和过放保护，还设计有四个运算放大电路，用于将采样的光伏/风力发电电流和电压、蓄电池放电电流和电压信号进行放大后，给 DSP 处理器的 AD 转换器进行采集，通过计算得到光伏发电电流、光伏发电电压、蓄电池放电电流、蓄电池放电电压。在这里放大电路就不一一讲解，主要讲解如何进行采样。

充电电路中的 R_4、R_6 是用于采样光伏发电电流，电流乘以电阻值等于电压，经过放大后对应的输出 WS_I（光伏发电电流）；光伏发电电压是对发电电压 WSIN＋、WSIN－经过信号处理后，对应 WS_V（光伏发电电压）。WS_I 和 WS_V 见图 4-5 信号处理板上方端子。

过放保护电路中的 R_5、R_7 用于采集蓄电池放电电流，电流乘以电阻值等于电压，经过放大后对应的输出 BAT_I（蓄电池放电电流）；蓄电池放电电压是对蓄电池电压 BATIN＋、BATIN－经过信号处理后，对应 BAT_V（蓄电池放电电压）。BAT_I 和 BAT_V 见图 4-5 信号处理板上方端子。图 4-5 中 AG（模拟地）是以上四个模拟量信号的负极，共四个 AG。

WS_I、WS_V、BAT_I、BAT_V 通过接线送给 DSP 处理，DSP 可以分别计算出当前的光伏发电电流、光伏发电电压、蓄电池放电电流、蓄电池放电电压。

三、信号处理板与 DSP 处理板的接线

光伏发电系统 DSP 和信号处理板接线如图 4-5 所示，主要接线有以下几种。

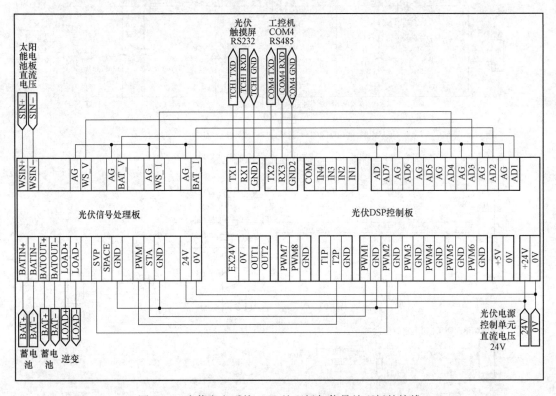

图 4-5　光伏发电系统 DSP 处理板与信号处理板的接线

（1）发电及放电参数模拟量采集接线：WS_I、WS_V、BAT_I、BAT_V 分别接到 AD4、AD3、AD2、AD1。

（2）充电控制和过充保护：信号处理板的 PWM 接 DSP 的 T2P，用于根据不同发电电压，输出不同占空比的 PWM 控制波形给 MOS 管，从而输出稳定的充电电压。

（3）过放保护 SVP：信号处理板的 SVP 接 DSP 的 PWM2，用于在蓄电池欠压时断开继电器 K1。DSP 板的 PWM1 接信号处理板的 STA，用以控制图 4-3 指示灯 LED2。

（4）通信接线：DSP 板供两个 RS232 通信口，其中一个和触摸屏通信（用于在触摸屏显示发电电流电压、蓄电池充放电参数），另一个和工控机通信（用于在工控机显示发电电流电压、蓄电池充放电参数）。

（5）蓄电池输入和输出接线：BATIN＋和 BATIN－（蓄电池输入）是光伏/风力发电经过 PWM 控制后给蓄电池充电的电压；BATOUT＋和 BATOUT－（蓄电池输出）通过继电器 K1 控制（使用 K1 的动断触点）后输出与到 LOAD＋和 LOAD－（负载）供给负载。

如图 4-1 所示，光伏发电系统的 LOAD＋和 LOAD－是接到风力发电系统的 BATIN＋、BATOUT＋和 BATIN－、BATOUT－，风力发电系统的 LOAD＋和 LOAD－是接到逆变和负载系统升压板的 12V 输入端，用于给逆变器供电。如果只有光伏发电系统，则光伏发电系统的 LOAD＋和 LOAD－直接接到逆变和负载系统升压板的 12V 输入端。

以上是光伏发电系统 DSP 板和信号处理板的接线，风力发电 DSP 板系统和信号处理板的接线与光伏类似，不一样的是只有风力发电系统多了一个将风速仪 0～5V 模拟量信号进行二值化后，送给 PLC 作为风速是否过大的判断，如图 4-6 所示。

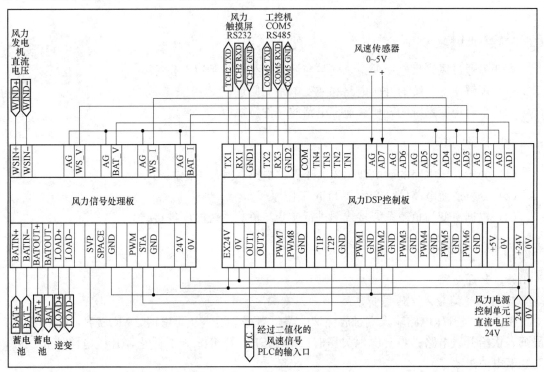

图 4-6　风力发电系统 DSP 处理板与信号处理板的接线

🔍 任务小结

充电控制：DSP 检测光伏电池板/风力发电机发电电压，发电电压高，PWM 波形占空比小；发电电压低，PWM 波形占空比大，确保充电电压保持在 13.5V 左右。

过充保护：蓄电池充满时，要确保断开充电回路，光伏或者风力发电不再继续对蓄电池充电，达到过充保护作用。

过放保护：蓄电池通过逆变器给负载供电时，蓄电池电压不断降低，当降低到一定电压时，不能继续给负载供电，达到过放保护作用。

信号处理板完成光伏/风力发电电流、光伏/风力发电电压、蓄电池放电电流、蓄电池放电电压的信号处理并送给 DSP 处理，DSP 可以分别计算出当前的光伏/风力发电电流、光伏/风力发电电压、蓄电池放电电流、蓄电池放电电压，用于进行充电控制、过充保护和过放保护等。

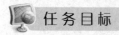 **任务自测**

1. 请简要阐述蓄电池 PWM 充电控制原理。
2. 发电电压大小与 PWM 占空比的关系如何？
3. 请简要阐述蓄电池过充保护原理。
4. 请简要阐述蓄电池过放保护原理。
5. DSP 控制板和信号处理板的硬件接线主要包括哪些？光伏和风力有何不同？

任务二　风光发电逆变系统安装与调试

风光发电逆变
系统安装与
调试

任务目标

本任务通过风光发电逆变系统安装与调试训练，达到以下目标：
（1）理解逆变系统的升压电路和逆变电路的原理；
（2）学会逆变系统的升压和逆变电路的硬件接线。

任务要求

（1）分析升压电路的蓄电池输入欠压保护电路、升压电路。
（2）分析逆变电路信号产生及 H 桥工作原理。
（3）根据逆变与负载系统接线图进行逆变与负载系统的硬件接线。

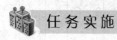 **任务实施**

一、升压电路

1. 升压电路输入欠压保护电路

图 4 - 7 是升压电路输入端过放保护电路，当蓄电池电压足够时，MOSFET 管 IRF2807 导通，供给升压电路；当蓄电池欠压时，MOSFET 管 IRF2807 截止，升压电路停止工作，防止蓄电池过放。

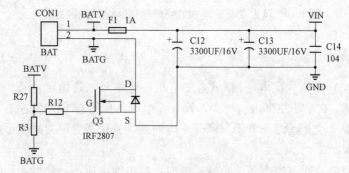

图 4 - 7　升压电路输入端过放保护电路

本电路位于升压电路板的蓄电池输入端，用于蓄电池欠压时起到保护作用。

2. 升压电路

逆变器中的 DC - DC 升压部分采用 SG3525 产生两个互补的方波脉冲 SingnalA 和 Sing-nalB 来驱动两个 MOS 管 IRF3205（如图 4 - 8 左图），使得 MOS 管互补导通。

图 4 - 8 右图是输出电压反馈，升压产生的高压直流电压 HV（311VDC）经过 R_4、R_6 分压采样，通过光耦 PC817 反馈到 SG3525 的 FB，SG3525 根据电压实时调节驱动互补脉冲的占空比，以实现稳定输出高压的作用。当电压偏高了，通过 FB 调节互补方波脉冲 Sing-nalA 和 SingnalB 使得输出电压降低；当电压偏低了，通过 FB 调节互补方波脉冲 SingnalA 和 SingnalB 使得输出电压升高。

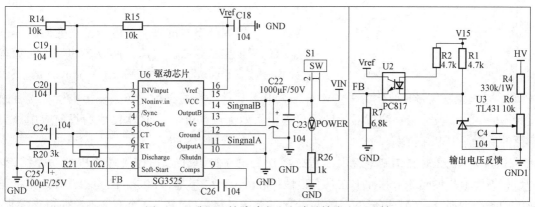

图 4 - 8　升压互补脉冲发生电路及输出电压反馈

图 4 - 9 为升压及稳压电路，产生 HV（311V 直流电压，供逆变生成 220V 交流电压使用）、DC _ L（低压，给逆变电路板芯片供电）、DC _ 15（经过稳压的 15V 直流电压，备用），T1 为升压变压器，左侧为低压直流侧 12V，VIN 和 GND 分别为蓄电池经过上面欠压保护的正极和负极，经过上面电路产生的两个互补的方波脉冲 SingnalA 和 SingnalB 来驱动两个 MOS 管 IRF3205，使得 MOS 管互补导通，从而使得升压变压器 T1 升压后输出交流高压电压（T1 的 13、14 脚），再经过整流电路达到 311V 稳定的直流高压。T1 的 11、12 脚输出低压交流经过整流滤波后为 DC _ L（给逆变电路板的芯片供电），然后经过稳压管 7815，C8 和 C9 滤波后产生 15V 直流电压。

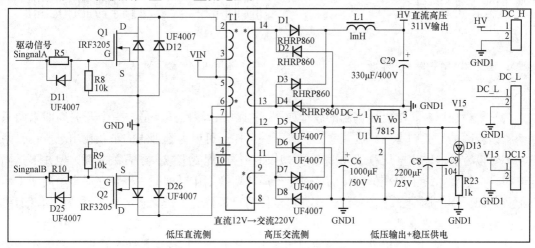

图 4 - 9　升压及稳压电路

二、逆变电路

1. DC - AC 全桥变换基本原理

国赛设备中的逆变采用的是 DC - AC 全桥逆变，下面先详细讲解一下 DC - AC 全桥逆变的原理，图 4 - 10 为 DC - AC 全桥变换基本原理示意图。

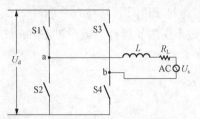

图中 U_d 为直流电压，S1、S2、S3、S4 为可控开关。当 S1、S4 导通 S2、S3 断开时，负载端电压 U_s 为上正下负。反之，当 S2、S3 导通 S1、S4 断开时，负载端电压 U_s 为下正上负。这样，S1、S4 和 S2、S3 按一定的频率互补导通，实现 DC - AC 变换。

图 4 - 10　DC - AC 全桥变换基本原理

2. SPWM 调制介绍

随着逆变器控制技术的发展，电压型逆变器出现了多种变压、变频控制方法。目前采用较多的是正弦脉宽调制技术。（Sinusoidal Pulse Width Modulation, SPWM），是指调制信号正弦化的 PWM 技术。由于其具有开关频率固定、输出电压只含有固定频率的高次谐波分量、滤波器设计简单等一系列优点，SPWM 技术已成为目前应用最为广泛的逆变用 PWM 技术。

SPWM（正弦脉宽调制）应用于正弦波逆变器主要基于采样控制理论中的一个结论：冲量相等而形状不同的窄脉冲加在具有惯性的环节上，效果基本相同。图 4 - 11（a）是将正弦波的半个周期分成等宽（π/N）的 N 个脉冲，图 4 - 11（b）是 N 个宽度不等的矩形脉冲，但矩形中点与正弦等分脉冲中点重合，并且矩形脉冲的面积和相应正弦脉冲面积相等。

SPWM 技术按工作原理可以分为单极性调制和双极性调制，如图 4 - 12 所示。

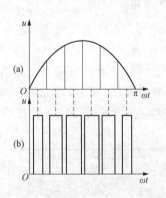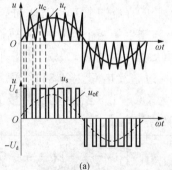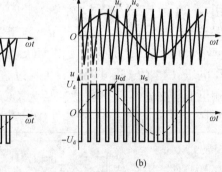

图 4 - 11　数字 PWM 控制基本原理

图 4 - 12　SPWM 调制
（a）单极性 SPWM 调制；（b）双极性 SPWM 调制

（1）单极性调制。单极性调制的原理如图 4 - 12（a），其特点是在一个开关周期内两只功率管以较高的开关频率（载波频率）互补开关，保证可以得到理想的正弦输出电压；另两只功率管以较低的输出电压基波频率工作，从而在很大程度上减少了开关损耗。但并不是固定其中一个桥臂始终工作在低频，而是每半个周期切换工作，即同一桥臂在前半个周期工作在低频，而后半个周期工作在高频。这样可以使两个桥臂的工作状态均衡，器件使用寿命更均衡，有利于增加可靠性。

（2）双极性调制。双极性调制的原理如图 4 - 12（b），其特点是四个功率管都工作在较高的频率（载波频率），虽然能够得到较好的输出电压波形，但产生了较大的开关损耗。

国赛逆变控制板（KNT_SPV02_INVERTER_V1.0）采用了单极性 SPWM 的调制方式。

3. 逆变电路原理图

图 4-13 是逆变电路板 PWM 信号逻辑控制电路和稳压电路，图 4-13（a）为逆变电路板 PWM 信号逻辑控制电路，产生 LEFT_DOWN、LEFT_UP、RIGHT_UP、RIGHT_DOWN 等四个信号通过驱动电路，用以控制逆变 H 桥桥臂的轮流导通；图 4-13（b）是稳压供电电路，升压板的 DC_L（见图 4-9 右侧）接到逆变模块的 CN10，然后经过稳压管 7815 和 7805 分别降压成 15V 和 VCC（5V），给逆变电路板的芯片供电。

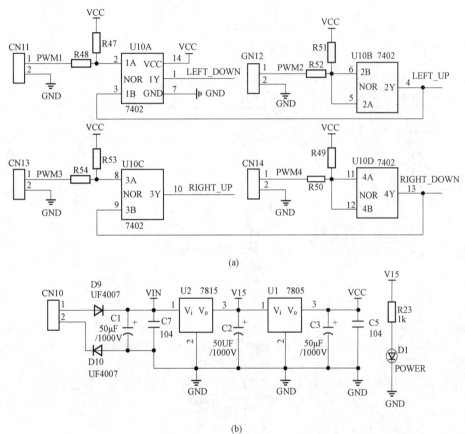

图 4-13　逆变电路板 PWM 信号逻辑控制电路和稳压供电电路
（a）DSP 发送的 PWM 信号逻辑控制；（b）稳压供电电路

图 4-14 是逆变 H 桥控制信号驱动电路和 H 桥电路，图 4-14（a）是逆变 H 桥控制信号驱动电路，将图 4-13（a）逆变电路板 PWM 信号逻辑控制电路产生的 LEFT_DOWN、LEFT_UP、RIGHT_UP、RIGHT_DOWN 等四个信号通过驱动芯片 IR2110，生成 AH_MOS、AL_MOS、BH_MOS、BL_MOS 等四个驱动 H 桥桥臂的驱动信号。

图 4-14（b）是 H 桥电路，通过驱动信号将升压后的 DC-H（图 4-9 右上方，DC_H 为 311V 直流电压）接到逆变模块的 DCIN 端子，然后经过 H 桥逆变成 VSA、VSB，经过 L2、C33 和 L1 等交流高压输出滤波后输出 220V 交流市电。

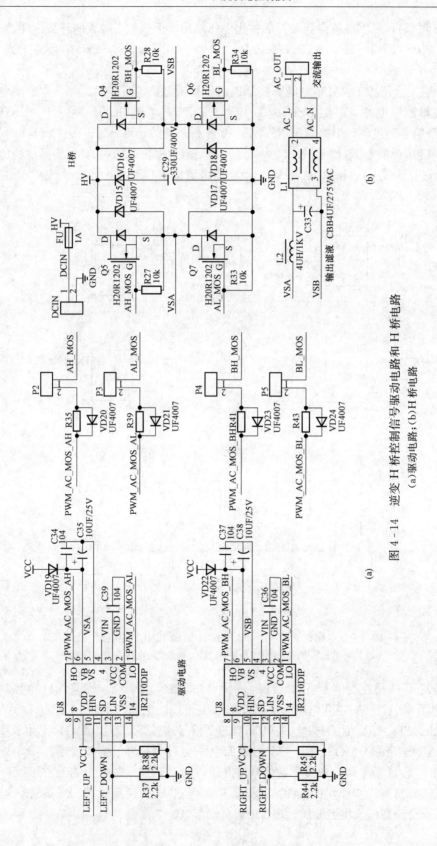

图 4 - 14 逆变 H 桥控制信号驱动电路和 H 桥电路

(a)驱动电路;(b)H 桥电路

逆变 H 桥由 4 个 IRF740N 型沟道 MOSFET 和四个二极管 UF4007 组成的，由 DSP 发出的 SPWM 脉冲经过逻辑控制和驱动电路后来控制四个桥臂的轮流导通，从而将升压后的 311V 高压直流逆变成 220V 交流市电。

三、逆变与负载系统接线

逆变与负载系统接线如图 4-15 所示，主要由升压、逆变和 DSP 控制板和负载组成。

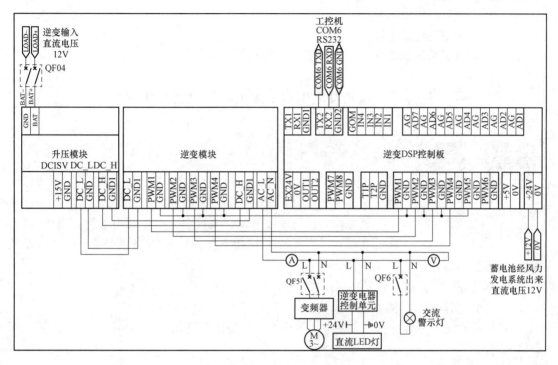

图 4-15　逆变与负载系统接线图

逆变与负载系统的逆变系统接线如下：升压模块的 DC_L 接到逆变模块的 DC_L 输入，用于给逆变模块供电；DC_H 为升压后的 311V 直流电，接到逆变模块的 DC_H，经过逆变后输出 AC_L、AC_N 为 220V 交流电；DSP 控制板的 PWM1～PWM4 为 SPWM 控制波形，用以控制逆变 H 桥；DSP 控制板的通信口 2 用于连接工控机，采用力控组态编程实现对逆变过程参数的测量和控制。

需要特别注意的是，与光伏、风力 DSP 控制板不同的地方是逆变 DSP 控制板右下方的供电电源是由蓄电池经风力发电系统出来的直流 12V 供电（确保在逆变开始前有 SPWM 控制波形），而非由控制电源输出的直流 24V 供电，因为该电源是由逆变出来 220V 交流电转换而来。DSP 板 24V 供电电源口输入电压 12V～24V 均可以，经过控制板变压后给 DSP 芯片使用。

🔍 任务小结

升压电路板的蓄电池输入端有欠压保护电路，用于蓄电池欠压时起到保护作用。

采用 SG3525 产生两个互补的方波脉冲来驱动两个 MOS 管，使得 MOS 管互补导通，从而将 12V 直流电经过升压变压器变成交流高压，经过整流滤波后输出 311V 高压直流电压，供逆变模块做逆变使用；同时升压产生的低压直流给逆变模块供电。

DSP 发出 SPWM 波形，通过逆变模块中的 PWM 逻辑电路和驱动电路，控制逆变 H 桥将 311V 直流电逆变后经过交流滤波后输出 220V 交流市电。

任务自测

1. 简要阐述升压电路板的蓄电池输入端欠压保护电路原理。
2. 简要阐述升压电路原理。
3. 简要阐述逆变电路原理。
4. 逆变与负载系统的硬件接线如何接线？需要注意哪些？

任务三　风光发电项目常见工具和仪器的使用

风光发电项目常见工具和
仪器的使用

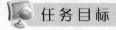 任务目标

风光发电系统安装与调试项目中，打码机用来打印号码管，用于安装接线时对导线进行编号，便于识别和调试。

风光发电系统安装与调试项目中，示波器用来测量光伏/风力充电波形、逆变系统的 H 桥互补控制 SPWM 信号波形、逆变系统的输出交流波形等。

通过本任务训练，达到如下目标：
（1）学会打码机的基本使用；
（2）学会使用示波器进行风光发电系统中常见波形的测试和分析。

任务要求

（1）掌握打码机使用。
（2）掌握采用示波器测量充电波形、逆变波形。

任务实施

一、打码机使用（以硕方 TP60i 线号机为例）
（1）安装套管。根据要求装入指定直径的套管（一般为一整盘）。
（2）安装色带。装入打码机对应的色带。
（3）设置参数。"材料""段长""字号""修饰""横竖""字距""浓度""排列""半切"（包括半切深度调整）。

备注：半切是指号码管打印一段一段之间进行预切，打印完直接用手掰就可以分成一段段，没有半切则需要用剪刀分成一段段，一般打印时都要进行半切设置。
（4）输入文本。字母、数字等组成，字母大小写可以通过"大小写"进行调整。
（5）打印。默认打印一遍，如果想同样输入打印几遍，那可以在"重复"里面设置。

二、示波器使用（以优利德 UTD1025C 手持式数字示波器为例）
1. 示波器面板介绍
（1）POWER 开机。长按开机，再长按关机。

（2）SCOPE。示波器模式，见图 4 - 16 (a)。

（3）METER。万用表模式，见图 4 - 16 (b)。

（4）A、B：分别对应两个通道，按下 A 或者 B 然后通过 F1 开/关输入、F2 设置输入信号类型（交流、直流）、F3 设置带宽、F4 设置偏置电压、F5 进入其他设置（探针倍率设置），如图 4 - 17 所示。

（5）MATH。对波形进行数学运算：FFT（傅里叶变换，有很多种如图 4 - 18 所示）、加、减、乘、除，也可以选择 OFF 关闭运算。各种运算的切换或者 FFT 不同类型窗选择可以用中间圆盘滚轮顺时针和逆时针进行选择，确定后按下滚轮中间 PUSH 按钮进行确认。

(a)　　　　　　　　(b)

图 4 - 16　手持示波器的两种测量模式

(a) 示波器模式；(b) 万用表模式

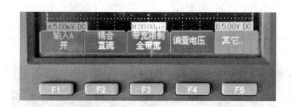

图 4 - 17　通道设置

图 4 - 18　MATH 数据运算中的 FFT 设置

图 4 - 19　波形保存

（6）SAVE：波形保存，插入 U 盘，按下 SAVE 可以进行波形保存，通过操作 F1 设定保存的 A 或者 B 通道或者整个示波器屏幕界面；F2 设置保存介质（设置为 USB）；保存位置为文件名（为数字，通过圆形滚轮可以调整文件名 1～20）；设置完成后单击执行即可保存。

2. 示波器实际波形测试演示（光伏发电模拟充电和实际充电测试）

光伏发电系统 DSP 控制板如图 4 - 20。

实际充电波形测量点：DSP 接口底板上 GPT1 端口的 T2P 和 GND 端子；模拟充电波形测量点：DSP 接口底板上 EVB1 端口的 PWM7 和 GND 端子。风力发电部分，除发电条件按任务书要求设置外，测量点部分与光伏部分一样。

（1）光伏发电模拟充电测试。模拟充电波形，按要求在触摸屏上设置好参数后即可进行测量。模拟测试的发电电压和蓄电池电压设置如表 4 - 1，用示波器测试得到如图 4 - 21 所示的波形 1～8，占空比总结如表，可以算出有效充电电压。

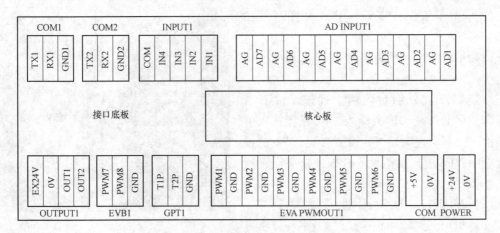

图 4-20 光伏发电系统 DSP 控制板

表 4-1 光伏发电模拟充电测试表

测试序号	1	2	3	4	5	6	7	8
发电电压	13.5	14	14	15	16	18	18	18
蓄电池电压	11.5	11.5	11	11.5	11.5	11.5	13.4	13.5
占空比	—	96.28%	—	89.84%	84.28%	74.96%	74.96%	—
有效充电电压	—	13.48	—	13.48	13.48	13.49	13.49	—

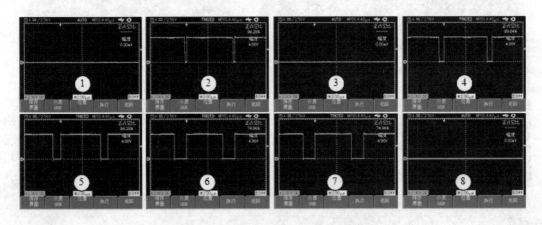

图 4-21 光伏发电模拟充电测试波形图

从表 4-1 可知：发电电压大于 13.5V 且蓄电池电压高于 11V 才开始充电，发电电压越高，占空比越大，有效电压充电电压为 13.5V 左右。当蓄电池充电到 13.5V，为防止过充，停止充电。

（2）光伏发电实际充电测试。实际充电波形，按任务书要求，将光伏电池板、投射灯摆杆打到要求角度，开启任务书中要求的投射灯数量，待到充电指示灯高亮，即可进行充电波形的测量（充电指示灯闪烁或微亮，都没有充电电流，也即没有充电波形）。

测试序号 9：开一个灯，发电电压不够，没有充电波形，如图 4-22 中的波形 9。

测试序号 10：开两个灯，发电电压超过蓄电池电压，进行充电，发电电压通过电压表

读取 $16.31V$，充电波形占空比 72.80%，如图 4-22 中的波形 10。

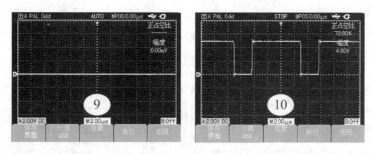

图 4-22　光伏发电实际充电测试波形图

注意：以上测量特别注意任务书要求的测试条件，比如几个电站工作、灯如何开，是否实际和模拟一起测试。

3. 逆变与负载部分

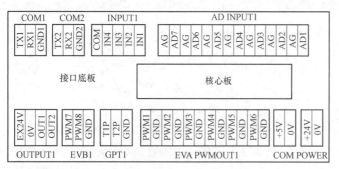
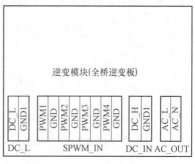

(a)　　　　　　　　　　　　　　　　(b)

图 4-23　逆变系统 DSP 控制板和逆变板

(a) 逆变 DSP 控制板；(b) 全桥逆变板

按任务书要求，在工控机上设置好逆变器的参数（设置参数需上位机与 DSP 底板建立通信），如基波频率、死区时间、调制比。工控机的力控组态设计见任务四。

（1）基波测量：DSP 接口底板 EVA PWMOUT1 端口上的 PWM3 或者 PWM4 与对应的 GND 端子（图 4-10 中 S3、S4 波形），测得波形如图 4-24 所示，图中基波频率接近 50Hz。

（2）SPWM 波形测量：用示波器双通道功能，DSP 接口底板 EVA PWMOUT1 端口上的 PWM1 或者 PWM2 与对应的 GND 端子（图 4-10 中 S1、S2 波形）。

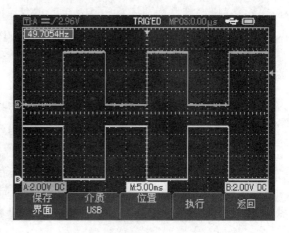

图 4-24　基波波形（50Hz）

（3）死区时间测量：用示波器双通道功能，两根表笔 A 和 B，正极分别接 DSP 接口底板 EVA PWMOUT1 端口上的 PWM1 和 PWM2，表笔接地端共同接其中任意一个 GND。在上位机上设置好死区时间后，测得如 4 - 25 所示波形，然后进行时间轴放大，可以看出 PWM1 和 PWM2 的波形上升沿和下降沿之间有时间差，示意图如图 4 - 26 所示，其中，死区时间是 t。

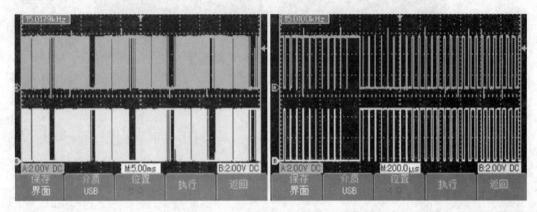

图 4 - 25 载波波形（SPWM 波形）

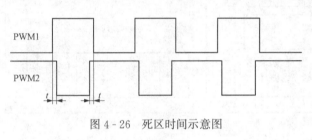

图 4 - 26 死区时间示意图

（4）逆变器输出波形：全桥逆变板上 AC - OUT 端口的 AC - L 和 AC - N 端子。

逆变 DSP 控制板带有 RS232 通信接口，通过该通信接口可与监控系统进行通信，实现上位机对逆变系统工作参数的查询和设置。

1）可查询的参数有基波频率，载波频率，死区时间，调制比。

2）可设置的参数有基波频率，死区时间，调制比。

注意：以上测量特别注意任务要求的示波器横坐标纵坐标的量程选取（横坐标通过 s 和 ns 缩小和放大时间轴，纵坐标通过 V 和 mV 缩小和放大电压值）、是否要求 FFT 等运算。

图 4 - 27 是基波频率为 50Hz 和 60Hz 下用示波器测量的逆变器输出波形，可见 60Hz 基波频率下，输出波形的周期短。

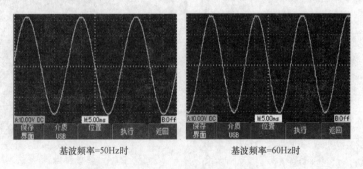

基波频率=50Hz时　　　　　　　　基波频率=60Hz时

图 4 - 27 不同基波频率下逆变器输出

图 4 - 28 是死区时间为 300ns 和 3000ns 下用示波器测量的逆变器输出波形，可见死区时

间为 3000ns 下，输出波形的毛刺比较多（噪声大），相应如果叠加 FFT 运算，则图中 FFT 的噪声成分多且噪声幅值高。

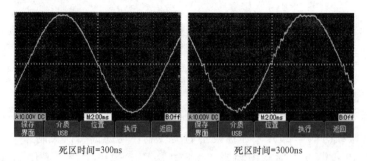

死区时间=300ns　　死区时间=3000ns

图 4-28　不同死区时间下逆变器输出

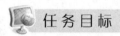 **任务小结**

打码机用来打印号码管，用于安装接线时对导线进行编号，便于识别和调试。

示波器用来测量光伏/风力充电波形、逆变系统的 H 桥互补控制 SPWM 信号波形、逆变系统的输出交流波形等。测量时要注意测量条件、测量信号对应端子位置、示波器上需要显示的参数、是否双波形叠加、是否进行数学运算等。

任务自测

1. 简要描述打码机的使用步骤。
2. 简要描述示波器的使用步骤。
3. 如何使用示波器进行光伏发电模拟充电波形测试。
4. 如何使用示波器进行光伏发电实际充电波形测试。
5. 如何使用示波器进行逆变系统的基波、SPWM 波、死区时间、逆变器输出波形测试。

任务四　风光发电逆变系统监控组态设计与调试

任务目标

任务三中，在采集逆变与负载系统进行逆变波形测试时，需要对逆变波形的基波频率、死区时间进行设置，因此需要上位机进行组态软件设计，和逆变 DSP 控制板进行通信，并对相关参数进行设置。通过本任务训练掌握采用力控组态软件进行风光发电逆变系统相关参数监控的组态设计与调试。

风光发电逆变系统监控组态设计与调试

任务要求

采用力控组态软件进行风光发电逆变系统参数监控的组态设计与调试，在工控机上实现以下功能。

（1）显示参数：逆变的基波频率、载波频率、死区时间、调制比；逆变电流表数值和逆变电压表数值。

（2）设置参数（即可以写入修改进行设定）：基波频率、死区时间、调制比。

 任务实施

一、风光发电逆变系统监控组态相关硬件连接

逆变系统参数监控组态主要涉及以下参数。

（1）逆变控制器：基波频率、载波频率、死区时间、调制比；

（2）逆变输出电流和逆变输出电压。

因此，硬件接线分两个部分，国赛设备通信线制作与通信协议见附录 A。

（1）逆变 DSP 控制器：逆变控制器和工控机采用 RS232 通信，光伏 DSP 控制器、风力 DSP 控制器、逆变 DSP 控制器分别接到工控机的 COM4～COM6。

（2）逆变交流电流表和逆变交流电压表：和光伏电流表、光伏电压表、风力电流表、风力电压表共用 COM3 的 RS485 口，地址不一样，光伏电流表、光伏电压表、风力电流表、风力电压表、逆变交流电流表和逆变交流电压表依次地址为 1～6。

二、风光发电逆变系统监控组态设计与调试

1. 新建工程

直接利用前面光伏发电系统、风力发电系统的力控组态软件，添加一个"逆变控制系统"窗口。然后单击"工程项目"→"菜单"→"主菜单"，如图 4-29 所示，出现主菜单定义，增加"逆变控制系统"窗口，这样运行时，在最上面的菜单除了光伏和风力，还有逆变的菜单，菜单用来在不同界面直接切换，如图 4-29 所示。初始启动窗口设置还是和前面一样设置成光伏发电系统界面。

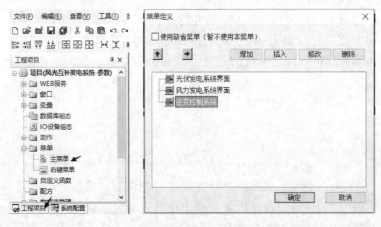

图 4-29　新建工程

2. 添加设备

（1）添加逆变 DSP 控制板（NC），设备地址为 1（见附录 A），如图 4-30 所示。

逆变 DSP 控制板通信协议如图 4-31（a）所示，采用 COM6（RS232），波特率为 19200bps，偶校验，8 位数据值，1 位停止位，数据格式见图 4-31（b）。

（2）添加逆变电流表（NI）和逆变电压表（NV），设备地址为 5、6（添加设备的第一步进行设置），仪表读数（光伏/风力/逆变电流和电压共 6 个参数）采集共用 COM3

（RS485），添加设备第二步和第三步参
数设置如图4-32所示。

3．添加变量

（1）逆变DSP控制器变量添加。

逆变DSP控制板内部数据寄存器
的内容和对应的地址编号如表4-2所
示，死区时间、调制比、基波频率和
载波频率地址分别是0000H、0002H、
0004H和0006H。根据表4-2添加变

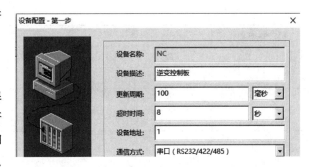

图4-30　设置设备地址

量如图4-33所示，共四个变量：死区时间SQ、调制比TZB、基波频率JB、载波频率ZB。
力控中添加变量设置偏置地址时需要将以上四个实际地址分别加1（力控在读写时实际地址
设置的偏置地址减1）。

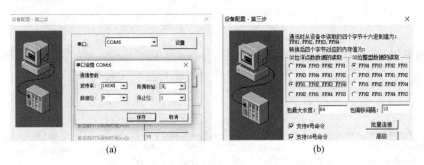

图4-31　DSP控制板通信协议和数据格式设置

（a）设置通信协议；（b）设置数据格式

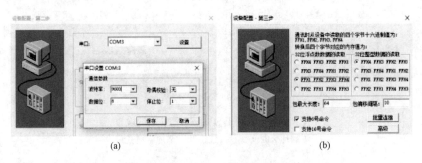

图4-32　仪表读数采集通信参数设置

（a）设置通信协议；（b）设置数据格式

表4-2　　　　　　　　　　　　　　逆变DSP控制板寄存器说明

寄存器编号	内容	数据格式	说明	力控偏置
0000～0001	死区时间（ns）	32bit float	可读可写	1
0002～0003	调制比	32bit float	可读可写	3
0004～0005	基波频率（50～60Hz）	32bit float	可读可写	5

続表

寄存器编号	内容	数据格式	说明	力控偏置
0006～0007	载波频率（Hz）	32bit float	可读	7
0008～0009	保留	32bit float		
000A～000B	保留	32bit float		
000C～000D	保留	32bit float		

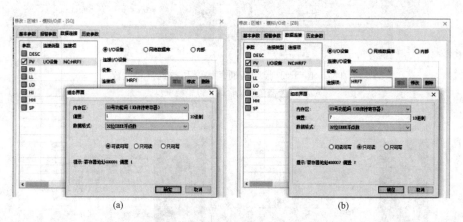

图 4-33　添加变量

变量的数据连接时，死区时间、调制比、基波频率三个相同，均为可读可写，死区时间设置如图 4-34（a）所示，调制比和基波频率类似；载波频率仅为可读，如图 4-34（b）所示。

图 4-34　逆变 DSP 组态添加变量设置
（a）添加死区时间变量设置；（b）添加载波变量设置

（2）逆变输出电流和逆变输出电压变量添加。

添加变量逆变输出电流 NI 和逆变输出电压 NV，NI、NV 分别关联设备 NI（逆变电流表）中的电流值、NV（逆变电压表）中的电压值，偏置均为 6（实际地址为 0005H），可读，32 位浮点型。逆变输出电流变量添加如图 4-35 所示，逆变输出电压变量的添加类似。

4. 界面设计

风光发电逆变系统组态界面设计如图 4-36 所示。

其中逆变电流电压采用仪表中的数码管，采用文本的有调制比、基波频率和载波频率，死区时间为指定几个数值，因此采用下拉选择框［如图 4-37（a）］，具体设置如图 4-37（b），成员列表可以根据需要添加。

图 4-35　逆变输出电流变量添加

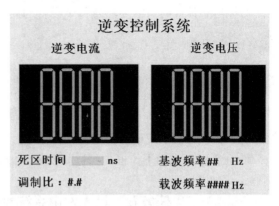

图 4-36　风光发电逆变系统组态界面设计

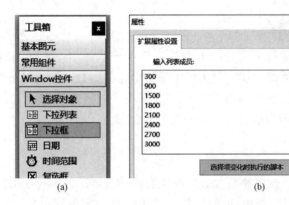

图 4-37　界面设计

(a) 下拉框；(b) 具体设置

5. 关联变量

逆变输出电流和逆变输出电压分别关联变量 NI 和 NV，电流整数位 1，小数位 3，电压整数位 3，小数位 1。

调制比和基波频率为可读可写，关联时数值输入和数值输出均设置，载波频率为只读，仅关联数值输出用以显示。

死区时间需要编写脚本进行关联，单击图 4-37（b）中的"选择项发生变化执行的脚本"，编写脚本如下，表示在选择下拉框中数值变化时，赋值给死区时间变了 SQ。

SQ. PV＝StrToInt（♯ComboBox. ListGetItem（♯ComboBox. ListGetSelection（）））

6. 运行调试

单击运行，选择死区时间，设置调制比基波频率后，可以进行相关波形测试、上位机数据显示和记录等。

🔍 任务小结

逆变系统组态监控主要涉及：①逆变控制器的基波频率、载波频率、死区时间、调制比；②逆变输出电流和逆变输出电压。

硬件上，需要将逆变控制器、逆变电流表和电压表连接到相应的通信口。

力控组态设计时，需要注意每个设备的通信协议设置，每个变量的地址和读写属性。

任务自测

1. 逆变系统组态设计在硬件上需要进行哪些通信线连接？

2. 力控组态设置时，逆变 DSP 控制板和逆变电流电压表各是什么通信协议？

3. 力控设计时，死区时间、调制比、基波频率、载波频率在逆变 DSP 控制板上对应存储区是多少？力控上应该如何设置？

4. 死区时间采用下拉框如何进行变量添加和关联？

任务五　风光发电系统参数监控组态设计与调试

风光发电系统
参数监控组态
设计与调试

任务目标

任务四中进行了风光发电系统逆变系统监控组态设计与调试。本任务进行除了逆变外的光伏、风力发电系统中相关参数监控的组态设计与调试。

通过本任务训练掌握采用力控组态软件进行光伏和风力发电电流电压表、DSP 控制板参数监控的组态设计与调试。

任务要求

采用力控组态软件进行风光发电系统参数监控组态设计与调试，实现在工控机上显示以下参数：光伏 DSP 和风力 DSP 控制板的光伏/风力发电电压、蓄电池电压、蓄电池充电电流、蓄电池放电电流、风速等级、光伏/风力电流表和电压表的数值。

任务实施

一、风光发电系统参数监控组态设计相关硬件连接

硬件接线分两个部分，国赛设备通信线制作与通信协议见附录 A。

（1）光伏/风力 DSP 控制器：光伏/风力 DSP 控制器和工控机采用 RS232 通信，光伏 DSP 控制器、风力 DSP 控制器分别接到工控机的 COM4、COM5。

（2）光伏/风力直流电流表和直流电压表：和逆变交流电流表、逆变交流电压表共用 COM3 的 RS485 口，地址不一样，光伏电流表、光伏电压表、风力电流表、风力电压表、逆变交流电流表和逆变交流电压表依次地址为 1～6。

二、风光发电系统参数监控组态设计与调试

1. 新建工程

直接利用前面光伏发电系统、风力发电系统、逆变控制系统的力控组态软件，添加一个"风光发电系统参数监控"窗口。然后单击"工程项目"→"菜单"→"主菜单"，出现如图 4-38 的主菜单定义，增加风光发电系统参数监控窗口，这样运行时，在最上面的菜单除光伏、风力和逆变外，还有参数监控的菜单，菜单用来在不同界面直接切换。

2. 添加设备

（1）添加光伏 DSP 控制板（GC）、风力 DSP 控制板（FC）。

 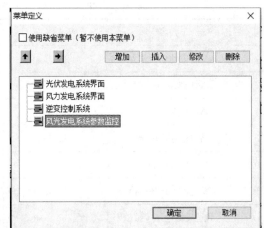

图 4 - 38 新建工程

添加方法类似于任务四的逆变 DSP 控制板（NC，串口采用 COM6），不同之处是第一步的设备名称和第二步串口不一样，光伏 DSP 控制板串口采用 COM4，风力 DSP 控制板串口采用 COM5，其余通信参数设置一样。

（2）添加光伏电流表（GI）、光伏电压表（GV）、风力电流表（FI）、风力电压表（FV）。

添加方法类似于任务四的逆变电流表（NI，设备地址为 5）和逆变电压表（NV，设备地址为 6），不同之处是第一步的设备名称和设备地址设置不同，光伏电流表（GI）、光伏电压表（GV）、风力电流表（FI）、风力电压表（FV）的设备地址依次为 1~4，其余通信参数设置一样。

3. 添加变量

（1）添加光伏/风力 DSP 控制器变量添加。表 4 - 3 为光伏 DSP 控制板内部数据寄存器的内容和对应的地址编号；表 4 - 4 为风力 DSP 控制板内部数据寄存器的内容和对应的地址编号。

表 4 - 3   光伏 DSP 控制板寄存器说明

寄存器编号	内容	数据格式	说明	力控偏置
0000~0001	蓄电池电压值	32bit float	只读	1
0002~0003	光伏发电电压值	32bit float	只读	3
0004~0005	蓄电池充电电流值	32bit float	只读	5
0006~0007	蓄电池放电电流值	32bit float	只读	7
0008~0009	保留	32bit float		9
000A~000B	蓄电池电压模拟值	32bit float	可读可写	11
000C~000D	光伏发电电压模拟值	32bit float	可读可写	13

表 4-4　　　风力 DSP 控制板寄存器说明

寄存器编号	内容	数据格式	说明	力控偏置
0000～0001	蓄电池电压值	32bit float	只读	1
0002～0003	风能发电电压值	32bit float	只读	3
0004～0005	蓄电池充电电流值	32bit float	只读	5
0006～0007	蓄电池放电电流值	32bit float	只读	7
0008～0009	风速级别	32bit float	只读	9
000A～000B	蓄电池电压模拟值	32bit float	可读可写	11
000C～000D	风能发电电压模拟值	32bit float	可读可写	13

根据表 4-3 和表 4-4 添加相关的变量：光伏/风力控制板中的光伏/风力发电电压、蓄电池电压、蓄电池充电电流、蓄电池放电电流、风速等级。其中，风速等级只有在风力中有，光伏没有。变量添加如图 4-39 所示。

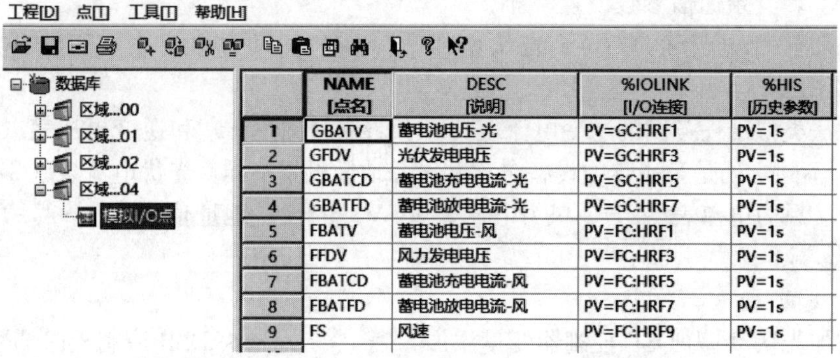

	NAME [点名]	DESC [说明]	%IOLINK [I/O连接]	%HIS [历史参数]
1	GBATV	蓄电池电压-光	PV=GC:HRF1	PV=1s
2	GFDV	光伏发电电压	PV=GC:HRF3	PV=1s
3	GBATCD	蓄电池充电电流-光	PV=GC:HRF5	PV=1s
4	GBATFD	蓄电池放电电流-光	PV=GC:HRF7	PV=1s
5	FBATV	蓄电池电压-风	PV=FC:HRF1	PV=1s
6	FFDV	风力发电电压	PV=FC:HRF3	PV=1s
7	FBATCD	蓄电池充电电流-风	PV=FC:HRF5	PV=1s
8	FBATFD	蓄电池放电电流-风	PV=FC:HRF7	PV=1s
9	FS	风速	PV=FC:HRF9	PV=1s

图 4-39　光伏/风力 DSP 控制器变量添加

（2）光伏/风力发电仪表输出电流和输出电压。添加变量光伏输出电流 GI 和光伏输出电压 GV，这里和上一步设备的 GI（光伏电流表）和 GV（光伏电压表）不同，变量光伏输出电流 GI 和逆变输出电压 GV 分别关联设备 GI 和 GV 中的电流值和电压值，偏置均为 6，可读，32 位浮点型。风力类似，图 4-40 是添加完的变量（包括逆变）。

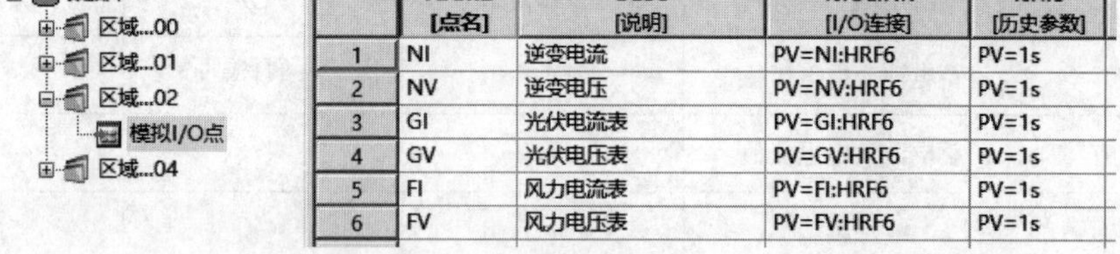

	NAME [点名]	DESC [说明]	%IOLINK [I/O连接]	%HIS [历史参数]
1	NI	逆变电流	PV=NI:HRF6	PV=1s
2	NV	逆变电压	PV=NV:HRF6	PV=1s
3	GI	光伏电流表	PV=GI:HRF6	PV=1s
4	GV	光伏电压表	PV=GV:HRF6	PV=1s
5	FI	风力电流表	PV=FI:HRF6	PV=1s
6	FV	风力电压表	PV=FV:HRF6	PV=1s

图 4-40　光伏/风力发电仪表输出电流和电压变量添加

4. 界面设计

风光发电系统参数监控组态界面设计如图 4-41 所示。其中光伏/风力电流电压采用仪表中的数码管，其余均采用文本框输出显示。

5. 关联变量

光伏输出电流和输出电压分别关联变量 GI 和 GV，风力输出电流和输出电压分别关联变量 FI 和 FV，电流整数位 1，小数位 3，电压整数位 3，小数位 1。

其余参数均为只读，仅关联数值输出用以显示。

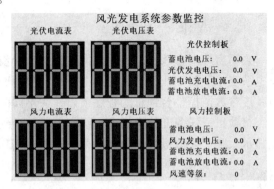

图 4-41　风光发电系统参数监控组态界面设计

6. 运行调试

单击运行，调节光伏、风力的旋钮电位器，光伏、风力的电流电压表会发生变化，力控上对应的数值也会产生变化；打开光伏系统的"模拟太阳"，光伏发电电压会发生变化；打开风力发电系统风场模拟电机，随着变频器频率增加，风力发电机发电电压会发生变化；打开逆变系统的负载，蓄电池放电电流会发生变化，负载开得越多，电流越大。

具体如何调节可以根据任务进行。

任务小结

风光发电系统参数监控组态主要涉及光伏 DSP 和风力 DSP 控制板的光伏/风力发电电压、蓄电池电压、蓄电池充电电流、蓄电池放电电流、风速等级、光伏/风力电流表和电压表的数值。

硬件上，需要将光伏/风力 DSP 控制器、光伏/风力电流表和电压表连接到相应的通信口。

力控组态设计时，需要注意每个设备的通信协议设置，每个变量的地址和读写属性。

任务自测

1. 光伏/风力发电系统参数监控组态设计在硬件上需要进行哪些通信线连接？

2. 力控组态设置时，光伏/风力 DSP 控制板和光伏/风力电流电压表各是什么通信协议。

3. 力控设计时候，光伏/风力发电电压、蓄电池电压、蓄电池充电电流、蓄电池放电电流、风速等级对应存储区是多少？力控上应该如何设置？

任务六　风光发电系统综合设计与调试

风光发电系统
综合设计与调试

任务目标

本任务进行风光发电系统综合设计与调试，在整合光伏发电系统、风力发电系统（将风场电机变频控制整合到风力发电系统界面）、逆变控制系统、风光发电系统参数监控的基础上，新加入曲线显示和报表记录。通过本任务训练，达到以下目标：

（1）学会整合已做的力控程序界面；

（2）掌握参数曲线显示的组态设计；

（3）掌握参数报表记录的组态设计。

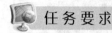 任务要求

采用力控组态软件进行风光发电系统综合设计与调试，将前面所学的项目二任务八光伏发电系统、项目三任务六风力发电系统、项目四任务四逆变控制系统、项目四任务五风光发电系统参数监控整合到总的程序下，作为不同的子界面，采用菜单形式进行切换。

将项目三任务九的风场电机组态控制整合到风力发电系统子界面，然后新加入"参数曲线显示"和"参数报表记录"两个子界面，实现参数的曲线显示和报表记录。

任务实施

1. 新建工程

直接利用前面光伏发电系统、风力发电系统、逆变控制系统、风光发电系统参数监控的力控组态软件，添加"参数曲线显示""参数报表记录"两个窗口。

然后单击"工程项目"→"菜单"→"主菜单"，出现单图 4 - 42 所示主菜单定义，增加"参数曲线显示"和"参数报表记录"两个窗口，这样运行时，在最上面的菜单除了光伏、风力、逆变、参数监控等，还有参数曲线显示和报表记录的菜单，菜单用来在不同界面直接切换。

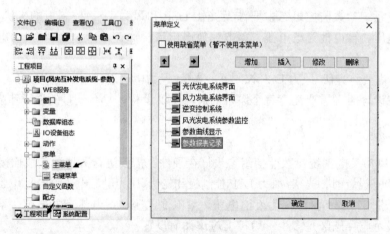

图 4 - 42　新建工程

界面的切换除了采用菜单，还可以在每个界面的上方放置除本界面外的其他界面切换的按钮来实现界面之间的切换，双击按钮，设置左键动作，在脚本编辑器中按下鼠标处输入脚本 Display（"×××"）；（其中×××是对应的要切换过去的窗口名称，引号和分号为英文输入法输入），就可以切换到其他界面。

2. 添加设备

风光互补发电系统的变量添加如图 4 - 43 所示，按照类别分为：光伏可编程控制器 PLC1（COM1）、风力可编程控制器 PLC2 和风场电机变频器 MM420（共用 COM2，地址分别为 2、3）、六个仪表 GI/GV/FI/FV/NI/NV（共用 COM3，地址分别为 1～6）、光伏 DSP 控制板 GC（COM4）、风力 DSP 控制板 FC（COM5）、逆变 DSP 控制板 NC（COM6）。其中，COM1～COM3 为 RS485 接口，COM4～COM6 为 RS232 接口。具体通信参数设置

可查阅前面相关任务或附录 A。

名称	描述	设...	类型	厂家	型号
FC	风力控制板	否	MODBUS	标准MODBUS	MODBUS(RTU 串行口)
FI	风力电流表	否	MODBUS	标准MODBUS	MODBUS(RTU 串行口)
FV	风力电压表	否	MODBUS	标准MODBUS	MODBUS(RTU 串行口)
GC	光伏控制板	否	MODBUS	标准MODBUS	MODBUS(RTU 串行口)
GI	光伏电流表	否	MODBUS	标准MODBUS	MODBUS(RTU 串行口)
GV	光伏电压表	否	MODBUS	标准MODBUS	MODBUS(RTU 串行口)
MM420	风变频器	否	变频器	西门子	MicroMaster(USS协议)
NC	逆变控制板	否	MODBUS	标准MODBUS	MODBUS(RTU 串行口)
NI	逆变电流表	否	MODBUS	标准MODBUS	MODBUS(RTU 串行口)
NV	逆变电压表	否	MODBUS	标准MODBUS	MODBUS(RTU 串行口)
PLC1	光伏PLC	否	PLC	Siemens(西门子)	S7-200(ppi)
PLC2	风力PLC	否	PLC	Siemens(西门子)	S7-200(ppi)

图 4 - 43　添加设备

	NAME [点名]	DESC [说明]	%IOLINK [I/O连接]	%HIS [历史参数]
1	NI	逆变电流	PV=NI:HRF6	PV=1s
2	NV	逆变电压	PV=NV:HRF6	PV=1s
3	GI	光伏电流表	PV=GI:HRF6	PV=1s
4	GV	光伏电压表	PV=GV:HRF6	PV=1s
5	FI	风力电流表	PV=FI:HRF6	PV=1s
6	FV	风力电压表	PV=FV:HRF6	PV=1s
7				
8				
9				
10				

图 4 - 44　添加变量

3. 界面设计

风光发电系统综合设计的光伏、风力、逆变、光伏/风力参数监控等几个界面已在前面任务进行了分析，风力发电系统界面中整合风场电机力控控制也比较简单。这里不再累述。下面重点介绍新增的参数曲线显示和报表记录两个子界面的设计。

风光发电系统参数曲线显示组态界面设计如图 4 - 45 所示，添加方法和光伏功率曲线中的 X—Y 曲线不同，采用的是常用组件中的趋势曲线。这里共有 8 个参数，详见图 4 - 45。

风光发电系统参数报表记录组态界面设计如图 4 - 46 所示，采用的是常用组件中的专家报表。

4. 关联变量

（1）趋势曲线的变量关联。趋势曲线的变量关联如图 4 - 47 所示，需要注意的是各个变量的颜色，纵坐标范围不同。应根据各个变量实际测量的数值范围，

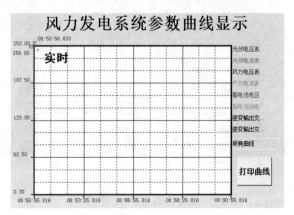

图 4 - 45　风光发电系统参数曲线显示组态界面设计

图 4-46　风力发电系统参数报表记录组态界面设计

设置合理的纵坐标低限和高限。

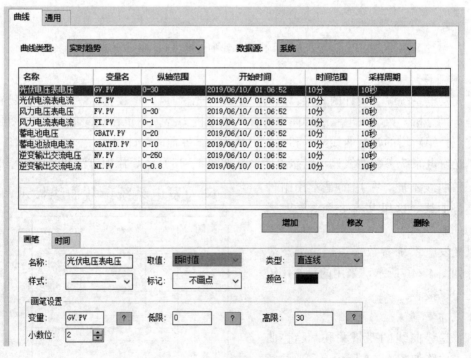

图 4-47　趋势曲线的变量关联

（2）专家报表的变量关联。添加专家报表后，双击专家报表，出现如图 4-48（a）界面，单击下一步，设置行数和列数，行高和列宽等，如图4-48（b）所示。

　　单击"下一步"，设置时间长度和时间间隔［见图4-48（c）］，然后单击"下一步"设置第一列的时间显示［见图4-48（d）］。最后将专家报表8列关联的数据变量，一一添加到已选点列表中，如图4-48（e）所示，完成设置。

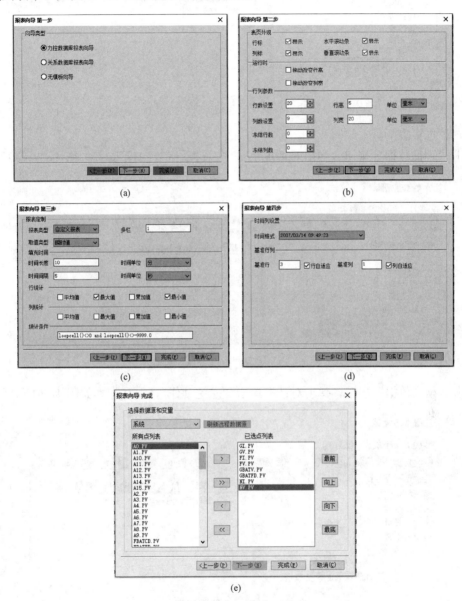

（a）
（b）
（c）
（d）
（e）

图4-48　专家报表向导设置

（a）向导类型设置；（b）行列参数设置；（c）时间长度和间隔设置；
（d）时间格式设置；（e）报表列关联变量添加

5.编写脚本

（1）打印趋势曲线的脚本编写。

双击"打印曲线"按钮，弹出对话框单击"左键动作"，编写脚本如图4-49所示。

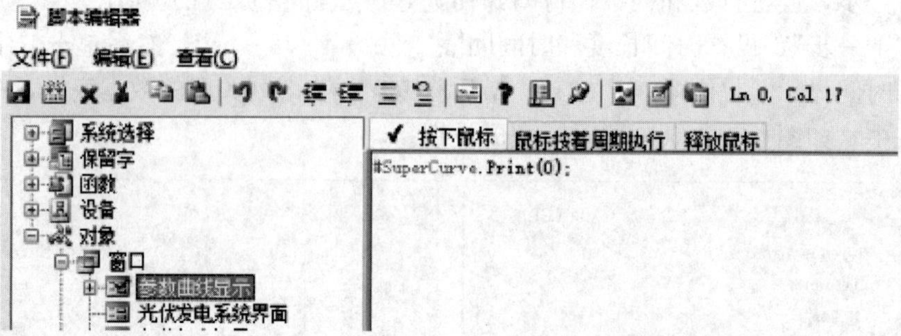

图 4-49　打印趋势曲线的脚本编写

（2）数据报表的脚本编写。

双击"查询数据"按钮，弹出对话框单击"左键动作"，编写脚本如图 4-50 所示。

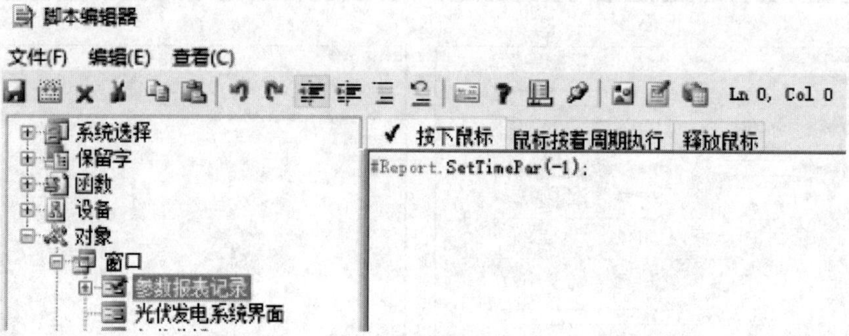

图 4-50　编写"查询数据"脚本

双击"预览数据"按钮，弹出对话框单击"左键动作"，编写脚本如图 4-51 所示。

图 4-51　编写预览数据脚本

双击"打印数据"按钮，弹出对话框单击"左键动作"，编写脚本如图 4-52 所示。

6. 运行调试

单击运行，可以在各个界面之间通过菜单切换，分模块进行调试，上面任务已经对光伏、风力、逆变、光伏/风力参数监控等界面进行了运行调试讲解，这里不再累述。

在系统运行时，参数曲线显示和记录报表会实时更新。

图 4-52　编写"打印数据"脚本

任务小结

不同子界面整合时可以采用顶部菜单（本任务和前面几个任务）或者左侧树状菜单（比较复杂这里没有讲），也可以采用顶部按钮进行切换。

参数曲线显示可以用来实时显示各个参数的变化趋势。

参数报表记录可以用来对各个参数进行保存和查询、打印等。

任务自测

1. 如何添加参数曲线显示并关联变量？
2. 如何添加参数专家报表并进行向导设置？
3. 打印曲线如何编写脚本？
4. 查询数据报表记录如何编写脚本？
5. 预览数据报表记录如何编写脚本？
6. 打印数据报表记录如何编写脚本？

附录 A 国赛设备通信线制作与通信协议

一、国赛设备通信线制作与通信协议

附表 A-1   国赛设备通信线制作与通信协议

通信口	一端为 DB9 串口	另一端
COM1	8A 红、7B 黑	管型
COM2	8A 红、7B 黑	管型
COM3	8A 红、7B 黑	管型
COM4	2T 红、3R 黑、5 地	管型
COM5	2T 红、3R 黑、5 地	管型
COM6	2T 红、3R 黑、5 地	管型
触摸屏	7A 红、8B 黑	3A 红、8B 黑 DB9
	2T 红、3R 黑、5 地	管型

二、国赛设备通信协议

附表 A-2   国赛设备通信协议

设备	通信口	地址	波特率	校验	数据位	停止位	通信协议
光伏 PLC	COM1	2	9600	偶校验	8	1	PPI 通信协议
风力 PLC	COM2	2	9600	偶校验	8	1	PPI 通信协议
风力变频器	COM2	3	9600	偶校验	8	1	USS 通信协议
智能数显仪表	COM3	1—6	9600	无校验	8	1	Modbus RTU 通信协议
光伏 DSP 控制器	COM4	1	19200	无校验	8	1	Modbus RTU 通信协议
风力 DSP 控制器	COM5	1	19200	无校验	8	1	Modbus RTU 通信协议
逆变 DSP 控制器	COM6	1	19200	无校验	8	1	Modbus RTU 通信协议

参 考 文 献

［1］夏庆观 . 风光互补发电系统实训教程 . 北京：化学工业出版社，2012.

［2］付跃强，丁猛，彭爱红 . 风光互补发电系统教程 . 北京：科学出版社，2018.

［3］王建，杨秀双 . 西门子变频器入门与经典应用 . 北京：中国电力出版社，2012.

［4］赵江稳 . 西门子 S7 - 200 PLC 编程从入门到精通 . 北京：中国电力出版社，2014.

［5］张文明，华祖银 . 嵌入式组态控制技术 . 北京：中国铁道出版社，2011.